SICHUANSHENG GONGCHENG JIANSHE BIAOZHUN SHE.

四川省工程建设标准设计

四川省建筑工程机电设备安装抗震构造图集
（底部连接方式）

四川省建筑标准设计办公室

微信扫描上方二维码，
获取更多数字资源

图集号 川16G121-TY

西南交通大学出版社
·成 都·

图书在版编目（ＣＩＰ）数据

四川省建筑工程机电设备安装抗震构造图集：底部连接方式 / 四川省建筑设计研究院主编. 一成都：西南交通大学出版社，2017.1

ISBN 978-7-5643-5248-6

Ⅰ．①四… Ⅱ．①四… Ⅲ．①建筑工程 – 机电设备 – 抗震加固 – 四川 – 图集 Ⅳ．①TU6-64

中国版本图书馆 CIP 数据核字（2017）第 007542 号

责 任 编 辑　李芳芳

封 面 设 计　何东琳设计工作室

四川省建筑工程机电设备安装抗震构造图集

（底部连接方式）

主编　四川省建筑设计研究院

	西南交通大学出版社
出 版 发 行	（四川省成都市二环路北一段 111 号 西南交通大学创新大厦 21 楼）
发 行 部 电 话	028-87600564　　028-87600533
邮 政 编 码	610031
网　　　　址	http://www.xnjdcbs.com
印　　　　刷	四川煤田地质制图印刷厂
成 品 尺 寸	260 mm×185 mm
印　　　　张	4.25
字　　　　数	102 千
版　　　　次	2017 年 1 月第 1 版
印　　　　次	2017 年 1 月第 1 次
书　　　　号	ISBN 978-7-5643-5248-6
定　　　　价	45.00 元

四川省住房和城乡建设厅

川建标发〔2016〕944 号

四川省住房和城乡建设厅关于批准《四川省建筑工程机电设备安装抗震构造图集（底部连接方式）》为省建筑标准设计通用图集的通知

各市（州）及扩权试县（市）住房城乡建设行政主管部门：

由四川省建筑标准设计办公室组织、四川省建筑设计研究院主编的《四川省建筑工程机电设备安装抗震构造图集（底部连接方式）》，经审查通过，现批准为四川省建筑标准设计通用图集，图集编号为川 16G121-TY，自 2017 年 2 月 1 日起施行。

该图集由四川省住房和城乡建设厅负责管理，四川省建筑设计研究院负责具体解释工作，四川省建筑标准设计办公室负责出版、发行工作。

特此通知。

四川省住房和城乡建设厅

2016 年 12 月 6 日

《四川省建筑工程机电设备安装抗震构造图集》
（底部连接方式）

编审人员名单

主编单位　　四川省建筑设计研究院

编制组成员　赵仕兴　王　瑞　胡　斌　邹秋生　杜　波　袁　星　钟于涛
　　　　　　白登辉　周伟军　粟　珩　刘　立　张　堃　贺　刚

审查组成员　刘宜丰　陈　彬　周定松　王　洪　黄志强　王金平　禹建设

四川省建筑工程机电设备安装抗震构造图集

（底部连接方式）

批准部门：四川省住房和城乡建设厅

批准文号：川建标发〔2016〕944号

主编单位：四川省建筑设计研究院

图集号：川16G121-TY

实施日期：2017年2月1日

主 编 单 位 负 责 人：

主编单位技术负责人：

技 术 审 定 人：

设 计 负 责 人：

目录

		图集号	川16G121-TY
目录			
审核 赵仕兴	校对 张堃	设计 杜波	页	1

	目录		图集号	川16G121-TY
审核 赵仕兴 赵仕兴	校对 张堃	设计 杜波	页	2

总说明

1 编制目的

《建筑机电工程抗震设计规范》《非结构构件抗震设计规范》系我国首次颁布实施,相关的设备抗震构造图集缺乏,设计人员执行该规范中建筑机电设备抗震构造部分较困难,编制该图集可方便设计人员和安装单位使用,提高我省建筑机电设备抗震水平。

2 编制思路与原则

2.1 编制思路:收集整理各机电设备资料—研究确定各设备的连接构造—确定合理可行的计算参数—计算设备的地震作用—进行连接件和锚固件的承载力计算—确定连接件和锚固件的细部尺寸和数量。

2.2 编制原则:构造简单,力争通用,尽量沿用传统的安装方式。

3 适用范围

本图集适用于四川省抗震设防烈度为6~9度区域采用底部连接方式的机电设备,其他安装方式的抗震构造需另行设计。

本图集中当设备有减振装置时,采用限位器的抗震构造连接,无减振装置时采用锚栓或焊接的抗震构造连接。设备减振装置、基座及设备自身抗震设计由设备厂家完成。当一种设备提供了两种安装方式(有减振装置和无减振装置时),安装单位应针对设备实际情况自行评估采用何种方式。

本图集机电设备包含:贮水罐、水泵、矩形给水箱、高低压配电柜、变压器、发电机、配电箱(柜)、弱电机柜、冷却塔、轴流风机、柜式风机、空调机组、多联机外机、风冷热泵、热水机组、冷水机组。

本图集的机电设备均为常用型号,尺寸、型号或设计条件与本图集不

符的设备由机电设计单位另行设计。本图集抗震计算时地震动参数取值根据《建筑抗震设计规范》(GB 50011-2010)的规定采用,当工程根据地震安全性评价报告提供的地震动参数进行抗震计算时,附属机电设备与主体结构的抗震构造连接由设计单位另行复核。

4 编制依据

《四川省住房和城乡建设厅关于同意编制<四川省农村居住建筑维修加固图集>等四部省标通用图集的批复》(川建勘设科发〔2016〕722号)

《建筑工程抗震设防分类标准》	GB 50223-2008
《工程结构可靠性设计统一标准》	GB 50153-2008
《混凝土结构设计规范》	GB 50010-2010
《建筑结构荷载规范》	GB 50009-2012
《建筑抗震设计规范》	GB 50011-2010及"2016局部修订"
《钢结构设计规范》	GB 50017-2003
《建筑机电工程抗震设计规范》	GB 50981-2014
《非结构构件抗震设计规范》	JGJ 339-2015
《建筑结构制图标准》	GB/T 50105-2010

5 材料

5.1 预埋钢板、连接钢板

5.1.1 预埋钢板、连接钢板采用Q345B。

5.1.2 钢板应具有抗拉强度、伸长率、屈服强度、硫与磷含量、碳含量、

									图集号	川16G121-TY
		总说明							页	3
审核	赵仕兴		校对	张堃		设计	杜波			

冷弯试验、冲击韧性的合格保证。

5.1.3 所有钢材均为焊接结构用钢，均应按照设计要求的标准进行：

钢材的屈服强度实测值与抗拉强度实测值的比值不应大于0.85；

钢材应有明显的屈服台阶，且伸长率不应小于20%；

钢材应有良好的可焊性和合格的冲击韧性。

5.2 普通螺栓、锚栓

5.2.1 普通螺栓（安装螺栓、永久螺栓）采用C级螺栓，其性能等级为4.6级，并应符合《六角头螺栓-C级》《六角螺母C级》的规定。

5.2.2 制锚栓用圆钢采用Q345B，材质保证应符合《碳素结构钢》《低合金高强度结构钢》中的规定。螺纹基本尺寸符合《普通螺纹、基本牙型》和《普通螺纹、基本尺寸》的规定。

5.3 钢筋、锚筋采用HPB300，钢筋应符合国家相关产品的标准要求。钢筋的强度标准值应具有不小于95%的保证率。

5.4 混凝土强度等级不低于C30。

5.5 焊条均为E50。

5.6 无特殊注明时，图集中的焊缝执行以下规定：对接焊缝质量等级为二级，其余焊缝质量等级为三级。角焊缝最小高度不小于4 mm，一般为满焊，当为断续焊缝时每段长度不小于50 mm。

6 计算原则和基本假定

6.1 本图集各机电设备抗震设防目标按《建筑机电工程抗震设计规范》（GB 50981-2014）第1.0.3条采用。

6.2 图集中的机电设备重量按各机电设备标准图和厂家资料确定。

6.3 地震作用均采用等效侧力法计算，摩擦力不抵抗地震作用。

6.4 建筑抗震设防类别不高于重点设防类（简称乙类），特殊设防类（简称甲类）时另行设计。

类别系数按《建筑机电工程抗震设计规范》（GB 50981-2014）

表3.4.1采用：状态系数均取2.0,位置系数均取2.0。

地震影响系数最大值按《建筑抗震设计规范》（GB 50011-2010）采用。

6.5 普通螺栓的强度计算

6.5.1 普通螺栓的受剪承载力按下式计算（普通螺栓抗剪连接的承载力设计值应取受剪和承压承载力设计值中的较小者）：

受剪承载力设计值：$N_v^b = n_v \dfrac{\pi d^2}{2} f_v^b$

承压承载力设计值：$N_c^b = d \sum t \cdot f_c^b$

式中 n_v —— 受剪面数目；

$\qquad d$ —— 螺杆直径；

$\qquad \sum t$ —— 在不同受力方向中承压构件总厚度的较小值；

$\qquad f_v^b$、f_c^b —— 螺栓的抗剪和承压强度设计值。

6.5.2 普通螺栓的受拉承载力按下式计算：

$$N_t^b = n_v \frac{\pi d_e^2}{4} f_t^b$$

式中 d_e —— 螺栓在螺纹处的有效直径；

$\qquad f_t^b$ —— 普通螺栓的抗拉强度设计值。

总说明						图集号	川16G121-TY
审核	赵仕兴	校对	张堃	设计	杜波	页	4

6.5.3 普通螺栓的受剪受拉复合承载力按下式计算:

$$\begin{cases} \sqrt{\left(\dfrac{N_v}{N_v^b}\right)^2 + \left(\dfrac{N_t}{N_t^b}\right)^2} \le 1 \\ N_v \le N_c^b \end{cases}$$

式中　N_v、N_t — 普通螺栓所承受的剪力和拉力;

　　　N_v^b、N_t^b、N_c^b — 普通螺栓的受剪、受拉和承压承载力设计值。

6.6 对接焊缝或者对接与角接组合焊缝的强度计算,直角角焊缝强度计算

6.6.1 在对接接头和T形接头中,垂直于轴心拉力或轴心压力的对接焊缝或对接与角接组合焊缝,其强度应按下式计算:

$$\sigma = \frac{N}{l_w t} \le f_t^w \text{ 或 } f_c^w$$

式中　N — 轴心拉力或轴心压力;

　　　l_w — 焊缝长度;

　　　t — 对接接头中连接件的较小厚度;在T形接头中为腹板的厚度;

　　　f_t^w、f_c^w — 对接焊缝的抗拉、抗压强度设计值。

6.6.2 在对接接头和T形接头中,承受弯矩和剪力共同作用的对接焊缝或对接与角接组合焊缝,其正应力和剪应力应分别进行计算。但在同时受有较大正应力和剪应力处(例如梁腹板横向对接焊缝的端部),应按下式计算折算应力:

$$\sqrt{\sigma^2 + 3\tau^2} \le 1.1 f_t^w$$

式中　σ — 焊缝截面处的正应力;

　　　τ — 焊缝截面处的剪应力;

　　　f_t^w — 对接焊缝的抗拉强度设计值。

6.6.3 直角角焊缝按下式计算:

$$\sqrt{\left(\frac{\sigma_f}{\beta_f}\right)^2 + \tau_f^2} \le f_t^w$$

式中　σ_f — 垂直于焊缝长度方向的正应力;

　　　τ_f — 沿焊缝长度方向的剪应力;

　　　f_t^w — 角焊缝的强度设计值;

　　　β_f — 正面角焊缝的强度设计值增大系数:

　　　对承受静力荷载和间接承受动力荷载的结构,$\beta_f = 1.22$;对直接承受动力荷载的结构,$\beta_f = 1.0$。

7 抗震构造的通用说明

7.1 设备基础高度为下图所示且不小于250 mm。

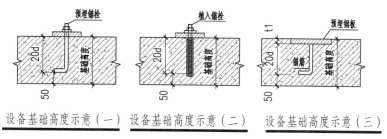

设备基础高度示意(一)　　设备基础高度示意(二)　　设备基础高度示意(三)

总说明	图集号	川16G121-TY
审核 赵仕兴 [签名] 校对 张堃 [签名] 设计 杜波 [签名]	页	5

7.2 部分设备采用限位器抗震，限位器按形状分为L形限位器和Z形限位器。L形限位器仅限制设备的平动，用于地震时不发生倾覆的设备；Z形限位器既可限制设备平动，也可限制转动，用于地震时会倾覆的设备。

限位器按自身刚度分为A型和B型，A型为无肋板的限位器，B型为有肋板的限位器，请根据"抗震构造详表"选取，限位器尺寸根据螺栓数量查"限位器抗震构造详图"确定。

7.3 预埋钢板应在土建施工时预先埋入，钢板及锚栓按"抗震构造详表"锚栓列的内容确定。

7.4 预埋钢板厚度t_1应大于锚筋间距1/8，且大于锚栓直径的0.6倍，并不小于14 mm。

7.5 锚筋与预埋钢板连接，当锚筋直径不大于20 mm时，可采用压力埋弧焊；大于20 mm时，应采用穿孔塞焊。

7.6 锚栓直段锚固长度为20d，弯折段长度为4d。当锚栓预埋有困难时，可以采用植筋方式施工，植筋深度为20d。

7.7 锚栓可预先埋置或植入埋置，当采用植入埋置时采用结构A级胶。

8 防腐涂装

钢构件经除锈处理后应涂两道底漆，一道中间漆，一道面漆，最后一道面漆在工地涂刷。室内部分总厚度为180 μm，室外部分总厚度为220 μm。使用期间应不定期对钢构件涂装进行检查，发现有粉化、起泡或脱落时应及时修补。

9 图集选用

9.1 本图集主要表达建筑工程机电设备与主体结构连接的抗震构造，在设备安装时，尚应与设备通用安装图集配合使用。机电设备安装既要满足机电设备正常使用的要求，也要保证地震时机电设备的安全。

9.2 选用方法

根据设备种类找到该设备对应的页码，在该页的表格中根据设备尺寸、重量、对应的地震设防烈度选用对应的连接构造：如锚栓数量、直径、钢板尺寸厚度、锚筋直径和数量等。

选用实例：

某办公楼，抗震设防烈度为7度（0.15g），抗震设防类别为标准设防类。螺杆式冷水机组（无减振装置），制冷量为900 kW。

根据目录查找螺杆式冷水机组（无减振装置）在55~56页；

根据制冷量查找"螺杆式冷水机组安装抗震构造详表（无减振装置）"，确定该螺杆机组沿短边方向每边布置4个M8的锚栓，总数8个。

总说明	图集号	川16G121-TY
审核 赵仕兴 赵仁书 校对 张堃	设计 杜波	页 6

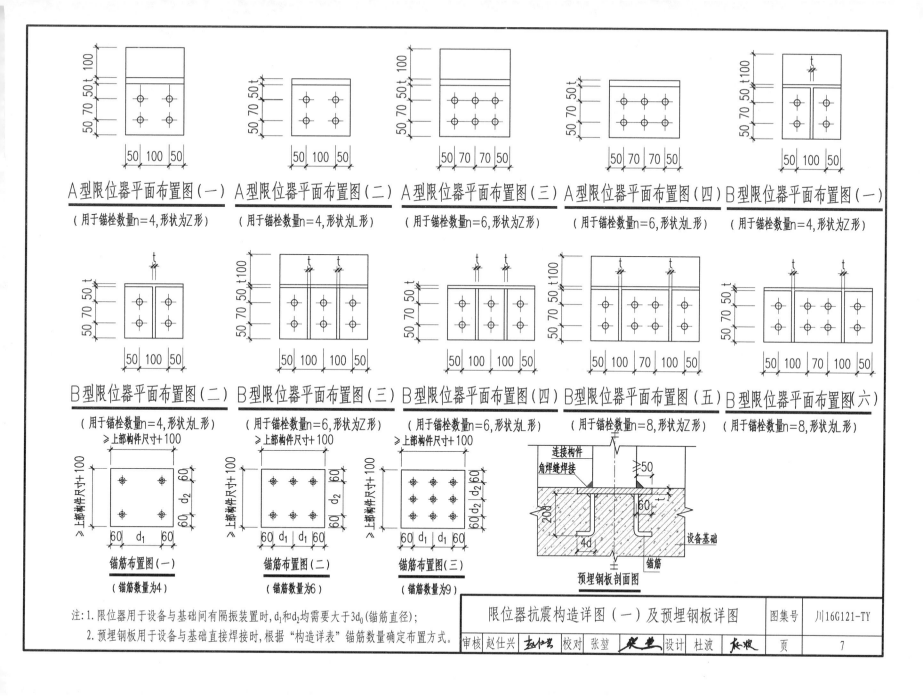

A型限位器平面布置图（一）
（用于锚栓数量n=4,形状为Z形）

A型限位器平面布置图（二）
（用于锚栓数量n=4,形状为L形）

A型限位器平面布置图（三）
（用于锚栓数量n=6,形状为Z形）

A型限位器平面布置图（四）
（用于锚栓数量n=6,形状为L形）

B型限位器平面布置图（一）
（用于锚栓数量n=4,形状为Z形）

B型限位器平面布置图（二）
（用于锚栓数量n=4,形状为L形）

B型限位器平面布置图（三）
（用于锚栓数量n=6,形状为Z形）

B型限位器平面布置图（四）
（用于锚栓数量n=6,形状为L形）

B型限位器平面布置图（五）
（用于锚栓数量n=8,形状为Z形）

B型限位器平面布置图（六）
（用于锚栓数量n=8,形状为L形）

锚筋布置图（一）
（锚筋数量为4）

锚筋布置图（二）
（锚筋数量为6）

锚筋布置图(三)
（锚筋数量为9）

预埋钢板剖面图

连接构件
角焊缝焊接
设备基础
锚筋

注：1.限位器用于设备与基础间有隔振装置时，d_1和d_2均需要大于$3d_0$(锚筋直径)；
　　2.预埋钢板用于设备与基础直接焊接时，根据"构造详表"锚筋数量确定布置方式。

限位器抗震构造详图（一）及预埋钢板详图	图集号	川16G121-TY
审核 赵仕兴 　校对 张堃 　设计 杜波	页	7

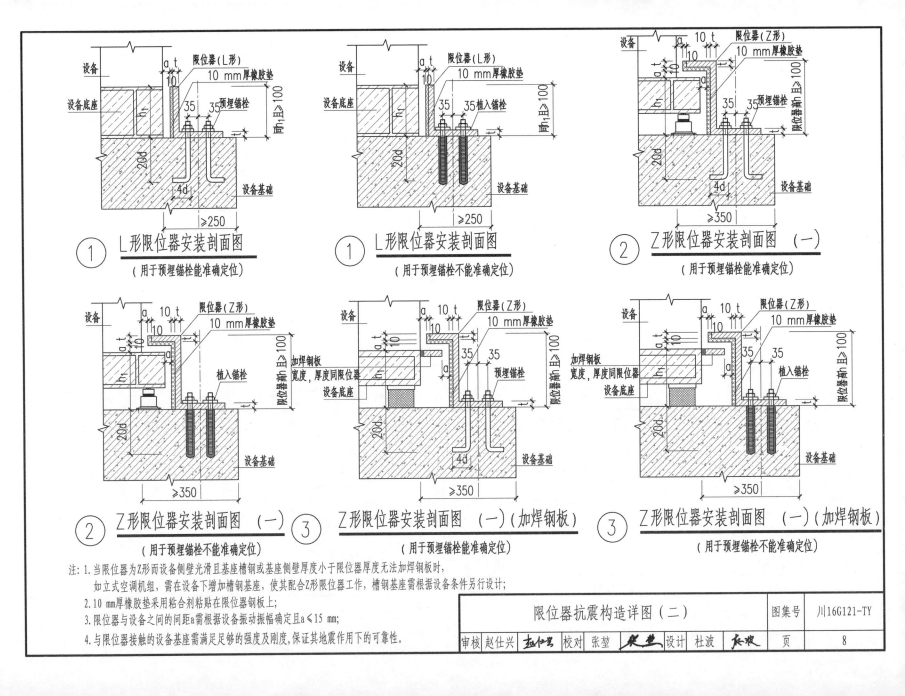

① L形限位器安装剖面图
（用于预埋锚栓能准确定位）

① L形限位器安装剖面图
（用于预埋锚栓不能准确定位）

② Z形限位器安装剖面图 （一）
（用于预埋锚栓能准确定位）

② Z形限位器安装剖面图 （一）
（用于预埋锚栓不能准确定位）

③ Z形限位器安装剖面图 （一）（加焊钢板）
（用于预埋锚栓能准确定位）

③ Z形限位器安装剖面图 （一）（加焊钢板）
（用于预埋锚栓不能准确定位）

注: 1. 当限位器为Z形而设备侧壁光滑且基座槽钢或基座侧壁厚度小于限位器厚度无法加焊钢板时，
　　　如立式空调机组，需在设备下增加槽钢基座，使其配合Z形限位器工作，槽钢基座需根据设备条件另行设计；
　　2. 10 mm厚橡胶垫采用粘合剂粘贴在限位器钢板上；
　　3. 限位器与设备之间的间距a需根据设备振动振幅确定且a≤15 mm;
　　4. 与限位器接触的设备基座需满足足够的强度及刚度，保证其地震作用下的可靠性。

限位器抗震构造详图（二）

图集号　川16G121-TY

审核 赵仕兴 | 校对 张堃 | 设计 杜波 | 页 8

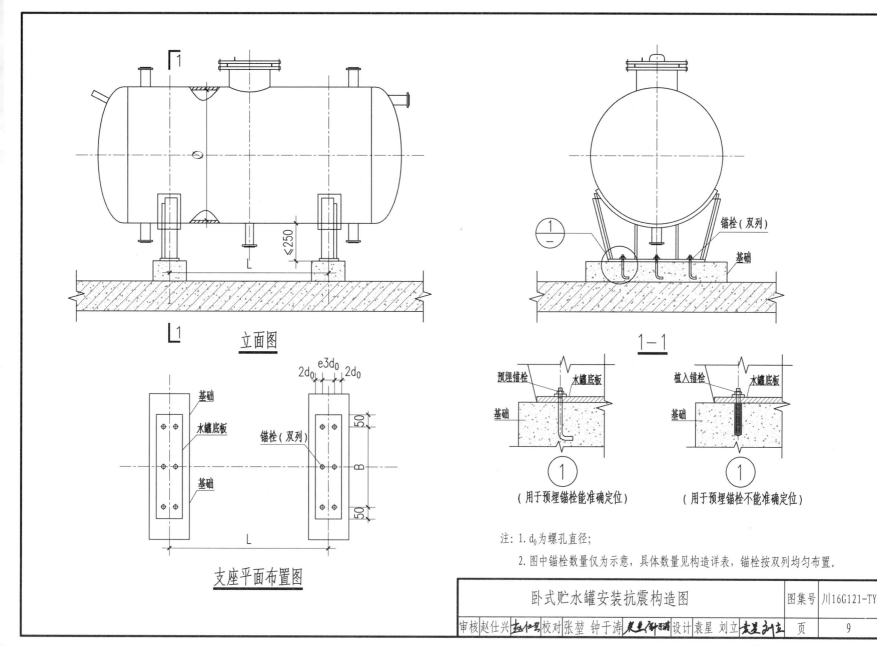

立面图

2d₀ e3d₀ 2d₀

支座平面布置图

1—1

预埋锚栓　水罐底板

基础

①

（用于预埋锚栓能准确定位）

植入锚栓　水罐底板

基础

①

（用于预埋锚栓不能准确定位）

注：1. d_0为螺孔直径；
2. 图中锚栓数量仅为示意，具体数量见构造详表，锚栓按双列均匀布置。

卧式贮水罐安装抗震构造图	图集号	川16G121-TY
审核 赵仕兴 赵仕兴 校对 张堃 钟于涛 设计 袁星 刘立	页	9

卧式贮水罐安装抗震构造详表

容积 (m³)	尺寸(mm)			质量(kg)	6度、7度(0.10g)		7度(0.15g)		8度(0.2g)		8度(0.3g)		9度	
	B	L	Φ(直径)	m	锚栓		锚栓		锚栓		锚栓		锚栓	
0.5	400	900	600	770	4M8	–	4M8	–	4M8	–	4M8	–	4M8	–
1.0	530	1090	800	1490	4M8	–	4M8	–	4M8	–	4M8	–	6M8	4M10
2.0	590	2000	900	2960	4M8	–	4M8	–	6M8	4M10	6M10	4M12	6M12	4M14
3.0	600	2630	1000	4120	4M8	–	4M8	–	4M10	–	6M12	4M14	6M14	4M16
4.0	720	2360	1200	5550	4M8	–	6M8	4M10	6M10	4M12	6M14	4M16	6M16	4M18
5.0	840	1960	1400	6690	4M8	–	4M10	–	6M12	4M14	6M14	4M16	6M18	4M20
6.0	960	1630	1600	8260	4M8	–	6M10	4M12	6M14	4M16	6M16	4M18	6M20	–
8.0	960	2450	1600	10660	6M8	4M10	6M12	4M14	6M14	4M16	6M18	4M20	8M20	–
10.0	1120	2350	1800	13070	4M10	–	6M12	4M14	6M16	4M18	6M20	–	10M20	–
12.0	1120	3050	1800	15520	6M10	4M12	6M14	4M16	6M16	4M20	8M20	–	12M20	–
16.0	1260	3150	2000	20680	6M12	4M14	6M16	4M18	8M16	6M20	10M20	–	14M20	–
20.0	1380	3250	2200	25510	6M12	4M14	6M16	4M20	8M18	6M20	12M20	–	18M20	–

注：1. 表中给出数据为水罐单块底板所需锚栓总数；

    2. 表中锚栓项"-"表示不选用该锚栓；

    3. 可根据表中各设防烈度下两列锚栓项选择其一使用。

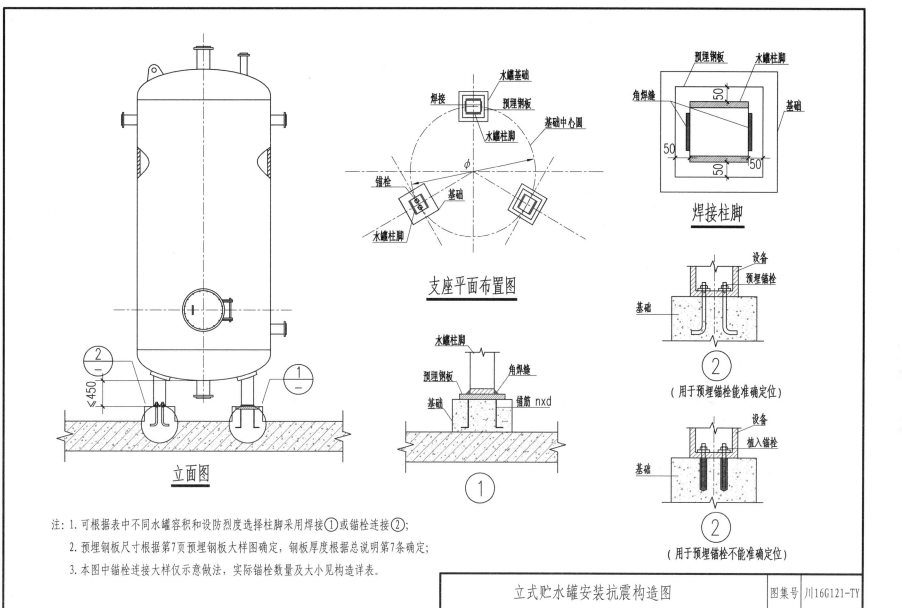

支座平面布置图

焊接柱脚

立面图

注：1. 可根据表中不同水罐容积和设防烈度选择柱脚采用焊接①或锚栓连接②；

2. 预埋钢板尺寸根据第7页预埋钢板大样图确定，钢板厚度根据总说明第7条确定；

3. 本图中锚栓连接大样仅示意做法，实际锚栓数量及大小见构造详表。

（用于预埋锚栓能准确定位）

（用于预埋锚栓不能准确定位）

	立式贮水罐安装抗震构造图	图集号	川16G121-TY
审核 赵仕兴 校对 张堃 钟于涛 设计 袁星 刘立		页	11

立式贮水罐安装抗震构造详表

容积(m³)	尺寸(mm) Φ	H	质量(kg) m	6度、7度(0.10g) 锚栓		焊缝尺寸	锚筋	7度(0.15g) 锚栓		焊缝尺寸	锚筋	8度(0.2g) 锚栓		焊缝尺寸	锚筋	8度(0.3g) 锚栓		焊缝尺寸	锚筋	9度 锚栓		焊缝尺寸	锚筋
1.0	500	2860	1440	1M16	2M12	50x6	4Φ8	1M20	2M14	50x6	4Φ8	1M22	2M16	50x6	4Φ10	–	2M20	60x6	4Φ12	–	2M22	80x6	4Φ14
2.0	650	3360	2770	1M20	2M14	50x6	4Φ8	1M24	2M18	50x6	4Φ10	–	2M20	70x6	4Φ12	–		100x6	4Φ16	–	–	100x8	4Φ20
2.5	790	3060	3480	1M18	2M14	50x6	4Φ8	1M22	2M16	50x6	4Φ10	–	2M20	70x6	4Φ12	–		90x6	4Φ16	–	–	100x8	4Φ20
3.0	790	3480	4110	1M22	2M16	50x6	4Φ10	–	2M20	60x6	4Φ12	–	2M22	80x6	4Φ14	–		100x8	4Φ18	–	–	100x10	6Φ18
4.0	900	3560	5210	1M22	2M16	50x6	4Φ10	–	2M20	70x6	4Φ14	–	–	90x6	4Φ16	–		130x6	4?20	–	–	150x8	6?20
5.0	1600	3460	6720	1M16	2M12	50x6	4Φ8	1M20	2M16	50x6	4Φ10	1M24	2M20	60x6	4Φ14	–		90x6	4Φ18	–	–	130x6	4Φ20
6.0	1600	4060	8010	1M20	2M16	50x6	4Φ10	–	2M20	60x6	4Φ12	–	2M22	80x6	4Φ16	–		130x6	4Φ20	–	–	140x8	6Φ20
8.0	1800	4160	10350	1M22	2M16	50x6	4Φ10	–	2M20	70x6	4Φ14	–	–	100x6	4Φ18	–		150x6	6Φ18	–	–	150x8	9Φ18
10.0	2000	4260	13070	1M22	2M16	50x6	4Φ12	–	2M22	80x6	4Φ16	–	–	110x6	4Φ20	–		130x8	6Φ20	–	–	150x10	9Φ20

注：1. 表中"锚栓"项为单个柱脚锚栓数量和直径；

2. 表中"锚筋"项为单个柱脚预埋钢板的锚筋数量；

3. 表中焊缝尺寸为：单条焊缝长度L×焊脚尺寸h_f，单位均为mm；

4. 表中锚栓项"-"表示连接锚栓过大，应采用焊接方式固定；

5. 可根据表中各设防烈度下两列锚栓项选择其一使用。

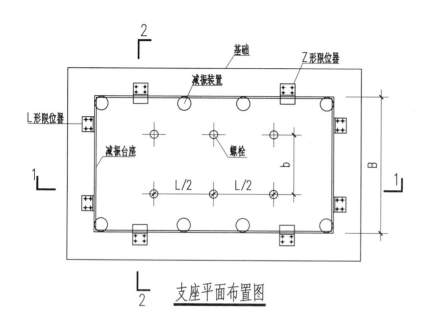

基础
减振装置
Z形限位器
L形限位器
减振台座
螺栓
L/2 L/2
b
B

<u>支座平面布置图</u>

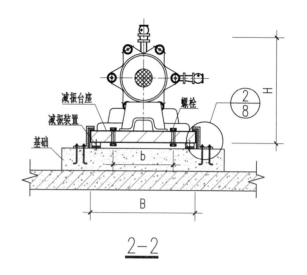

减振台座
减振装置
基础
螺栓
b
B
H
$\frac{2}{8}$

<u>2-2</u>

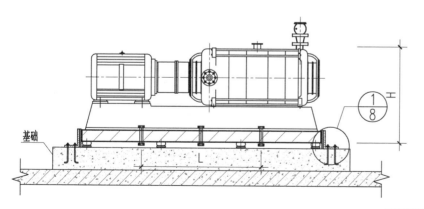

基础
L
H
$\frac{1}{8}$

注: 1. 沿减振台座每边设置两个限位器,限位器靠近两端布置;

2. 沿设备的长边设置Z形限位器,设备的短边设置L形限位器;

3. 本图适用于水泵减振台座高度不大于200 mm。

<u>1-1</u>

卧式水泵安装抗震构造图	图集号	川16G121-TY
审核 赵仕兴 赵仕兴 校对 张堃 钟于涛 钟于涛 设计 袁星 刘立 赵星刘立	页	13

卧式水泵安装抗震构造详表

功率(kW)	尺寸(mm)				质量(kg)	6度,7度(0.10g)			7度(0.15g)			8度(0.2g)			8度(0.3g)			9度		
P	宽(b)	宽(B)	长(L)	H	m	锚栓	mxt	螺栓	锚栓	mxt	螺栓	锚栓	mxt	螺栓	锚栓	mxt	螺栓	锚栓	mxt	螺栓
5.5	505	850	800	630	1260	4M8	2x10(A)	6M8	4M8	2x10(A)	6M8	4M8	2x12(A)	6M8	4M8	2x14(A)	6M8	4M8	2x18(A)	6M8
7.5	550	900	790	630	1400	4M8	2x10(A)	6M8	4M8	2x12(A)	6M8	4M8	2x12(A)	6M8	4M8	2x16(A)	6M8	4M8	2x18(A)	6M8
11	550	900	1020	630	1625	4M8	2x10(A)	6M8	4M8	2x12(A)	6M8	4M8	2x14(A)	6M8	4M8	2x16(A)	6M8	4M8	2x20(A)	6M10
15	620	1000	855	680	1976	4M8	2x10(A)	6M8	4M8	2x14(A)	6M8	4M8	2x16(A)	6M8	4M8	2x18(A)	6M8	4M8	2x20(A)	6M10
18.5	685	1050	1020	775	2724	4M8	2x12(A)	6M8	4M8	2x16(A)	6M8	4M8	2x18(A)	6M8	4M8	2x10(B)	6M10	4M10	2x10(B)	6M12
22	550	900	1130	630	1904	4M8	2x10(A)	6M8	4M8	2x14(A)	6M8	4M8	2x16(A)	6M8	4M8	2x18(A)	6M8	4M8	2x20(A)	6M10
30	685	1050	1020	775	2798	4M8	2x12(A)	6M8	4M8	2x16(A)	6M8	4M8	2x18(A)	6M8	4M8	2x10(B)	6M10	4M10	2x10(B)	6M12
37	710	1050	1240	830	3022	4M8	2x14(A)	6M8	4M8	2x16(A)	6M8	4M8	2x18(A)	6M8	4M8	2x10(B)	6M10	4M10	2x10(B)	6M12
45	685	1050	1170	780	3137	4M8	2x14(A)	6M8	4M8	2x16(A)	6M8	4M8	2x18(A)	6M8	4M8	2x10(B)	6M10	4M10	2x10(B)	6M12
55	710	1050	1280	830	3265	4M8	2x14(A)	6M8	4M8	2x16(A)	6M8	4M8	2x20(A)	6M8	4M8	2x10(B)	6M10	4M10	2x10(B)	6M12
75	695	1050	1680	800	4256	4M8	2x16(A)	6M8	4M8	2x20(A)	6M8	4M8	2x10(B)	6M10	4M10	2x10(B)	6M12	4M12	2x10(B)	6M14
90	645	1050	2070	830	5344	4M8	2x18(A)	6M8	4M8	2x10(B)	6M10	4M10	2x10(B)	6M10	4M12	2x10(B)	6M14	4M14	2x10(B)	6M16
110	685	1150	2330	800	6229	4M8	2x20(A)	6M8	4M8	2x10(B)	6M10	4M10	2x10(B)	6M10	4M12	2x10(B)	6M14	4M14	2x10(B)	6M18
132	685	1150	2330	800	6574	4M8	2x20(A)	6M8	4M8	2x10(B)	6M10	4M10	2x10(B)	6M10	4M12	2x10(B)	6M16	4M14	2x10(B)	6M18
160	750	1050	1280	830	5786	4M8	2x18(A)	6M8	4M8	2x10(B)	6M10	4M10	2x10(B)	6M10	4M12	2x10(B)	6M14	4M14	2x10(B)	6M16
200	750	1050	1780	830	5348	4M8	2x18(A)	6M8	4M8	2x10(B)	6M10	4M10	2x10(B)	6M10	4M12	2x10(B)	6M14	4M14	2x10(B)	6M16

注: 1. 表中"锚栓"项表示每个限位器所需的锚栓数目及大小;

2. 表中"螺栓"项表示水泵同减振台座之间所需螺栓连接总数;

3. 表中 m×t 列表示设备每边的限位器数量及尺寸,例1×18(A)表示每边设置1个厚度为18 mm的A型限位器。

卧式水泵安装抗震构造详表	图集号	川16G121-TY
审核 赵仕兴 校对 张堃 钟于涛 设计 袁星 刘立	页	14

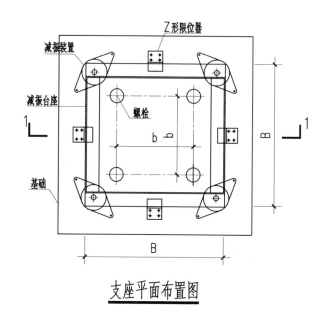

支座平面布置图

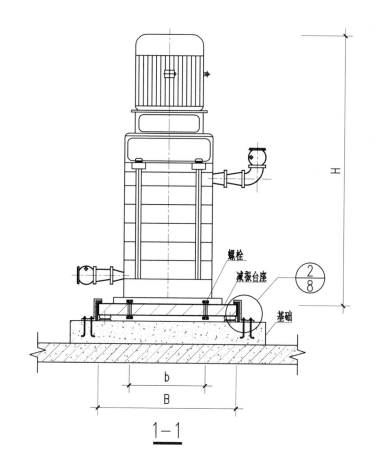

1-1

注：1. 沿减振台座四边居中设置一个Z形限位器；
2. 本图适用于水泵减振台座高度不大于200 mm。

立式水泵安装抗震构造图	图集号	川16G121-TY
审核 赵仕兴 校对 张堃 钟干涛 设计 袁星 刘立	页	15

立式水泵安装抗震构造详表

功率(kW)	尺寸(mm)			质量(kg)	6度、7度(0.10g)			7度(0.15g)			8度(0.2g)			8度(0.3g)			9度		
P	宽(b)	宽(B)	H	m	锚栓	mxt	螺栓	锚栓	mxt	螺栓	锚栓	mxt	螺栓	锚栓	mxt	螺栓	锚栓	mxt	螺栓
4	265	650	927	266	4M8	1x10(A)	4M8	4M8	1x10(A)	4M8	4M8	1x10(A)	4M8	4M8	1x10(A)	4M8	4M8	1x12(A)	4M8
5.5	320	700	1069	434	4M8	1x10(A)	4M8	4M8	1x10(A)	4M8	4M8	1x10(A)	4M8	4M8	1x12(A)	4M8	4M10	1x14(A)	4M10
7.5	420	800	1210	758	4M8	1x10(A)	4M8	4M8	1x12(A)	4M8	4M8	1x14(A)	4M8	4M10	1x16(A)	4M10	4M12	1x18(A)	4M12
11	330	700	1280	604	4M8	1x10(A)	4M8	4M8	1x10(A)	4M8	4M8	1x12(A)	4M8	4M10	1x14(A)	4M10	4M12	1x16(A)	4M12
15	400	800	1493	904	4M8	1x10(A)	4M8	4M8	1x12(A)	4M8	4M10	1x14(A)	4M10	4M12	1x18(A)	4M12	4M16	1x20(A)	4M14
18.5	330	700	1415	679	4M8	1x10(A)	4M8	4M8	1x10(A)	4M8	4M8	1x10(A)	4M10	4M12	1x16(A)	4M12	4M14	1x18(A)	4M12
22	365	750	1440	780	4M8	1x10(A)	4M8	4M8	1x12(A)	4M8	4M10	1x12(A)	4M10	4M12	1x16(A)	4M12	4M14	1x20(A)	4M14
30	365	750	1634	928	4M8	1x10(A)	4M8	4M8	1x12(A)	4M10	4M10	1x14(A)	4M12	4M14	1x18(A)	4M14	4M16	1x20(A)	4M16
37	365	750	1728	985	4M8	1x10(A)	4M8	4M10	1x14(A)	4M10	4M12	1x16(A)	4M12	4M14	1x20(A)	4M14	4M18	1x10(B)	4M16
55	365	750	2195	1308	4M8	1x12(A)	4M10	4M12	1x16(A)	4M12	4M16	1x20(A)	4M14	4M20	1x10(B)	4M18	6M20	1x10(B)	4M20
75	365	750	2468	1573	4M10	1x14(A)	4M12	4M14	1x20(A)	4M14	4M18	1x10(B)	4M16	6M20	1x10(B)	4M20	8M20	1x10(B)	4M24
90	365	750	2706	1717	4M12	1x16(A)	4M12	4M16	1x10(B)	4M16	4M20	1x10(B)	4M18	6M20	1x10(B)	4M22	8M20	1x10(B)	4M26
110	365	750	2518	2097	4M12	1x16(A)	4M14	4M16	1x10(B)	4M16	4M20	1x10(B)	4M20	8M20	1x10(B)	4M24	8M22	1x10(B)	4M28

注: 1. 表中"锚栓"项表示每个限位器所需的锚栓数目及大小;

    2. 表中"螺栓"项表示水泵同减振台座之间所需螺栓连接总数;

    3. 表中m×t列表示设备每边的限位器数量及尺寸,例1×18(A)表示每边设置1个厚度为18 mm的A型限位器。

立式水泵安装抗震构造详表	图集号	川16G121-TY
审核 赵仕兴 校对 张堃 钟于涛 设计 袁星 刘立	页	16

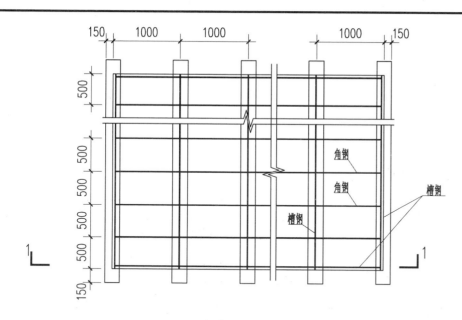

安装平面图

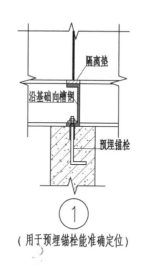

（用于预埋锚栓能准确定位）

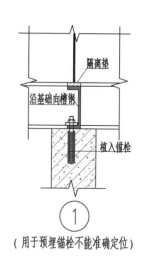

（用于预埋锚栓不能准确定位）

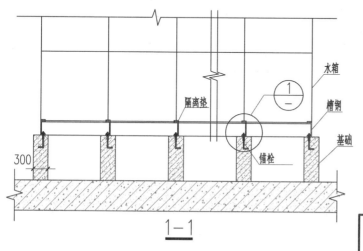

1－1

锚栓直径	M8,M10	M12,M14	M16	M18	M20
槽钢规格	[10	[14b	[18b	[20b	[25c

注: 1. 水箱高度超过1 m时，其高度不应大于平面较短尺寸的0.8倍；

2. 不同平面尺寸的水箱可按表中相同高度一行选取锚栓大小和间距；

3. 锚栓沿基础方向均匀布置；

4. 本页给出的槽钢尺寸为锚栓连接构造要求尺寸，安装单位应自行复核其受力性能；

5. 给水箱制造商和安装单位应保证水箱自身和给水箱与槽钢的连接在地震作用下的安全。

矩形给水箱安装抗震构造图

图集号 川16G121-TY

审核 赵仕兴 赵仕兴 校对 张垄 钟干涛 设计 袁星 刘立

矩形给水箱安装抗震构造详表

容积 (m³)	尺寸(mm)			水箱自重 (kg)	6度、7度(0.10g) 锚栓	7度(0.15g) 锚栓	8度(0.2g) 锚栓	8度(0.3g) 锚栓	9度 锚栓
	长(L)	宽(B)	高(H)						
1	1000	1000	1000	145	M8@1000	M8@1000	M8@1000	M8@1000	M8@1000
6	2000	2000	1500	460	M8@1000	M8@1000	M10@1000	M10@1000	M12@1000
35	5000	3500	2000	1681	M8@1000	M10@1000	M12@1000	M14@1000	M16@1000
50	5000	4000	2500	2263	M10@1000	M12@1000	M14@1000	M16@1000	M18@1000
72	6000	4000	3000	2893	M10@1000	M12@1000	M14@1000	M18@1000	M20@1000
105	6000	5000	3500	3904	M10@1000	M14@1000	M16@1000	M20@1000	M16@500
168	7000	6000	4000	5844	M10@1000	M16@1000	M18@1000	M16@500	M18@500
234	8000	6500	4500	7601	M12@1000	M16@1000	M18@1000	M16@500	M20@500
280	8000	7000	5000	9022	M14@1000	M18@1000	M20@1000	M18@500	M20@500
385	10000	7000	5500	12004	M14@1000	M18@1000	M20@1000	M18@500	M20@400
576	12000	8000	6000	16281	M16@1000	M20@1000	M16@500	M20@500	M20@400

矩形给水箱安装抗震构造详表			图集号	川16G121-TY
审核 赵仕兴	校对 张堃 钟于涛	设计 袁星 刘立	页	18

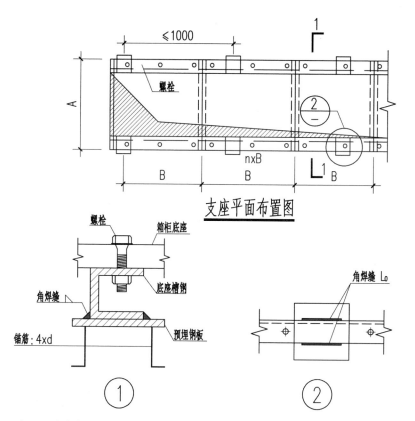

支座平面布置图

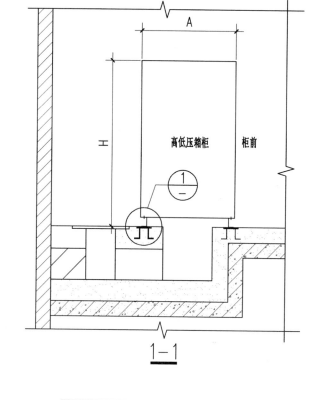

1—1

注：1. 预埋钢板沿B(柜宽)方向均匀布置，中心距≤1 m；

2. 安装时先将底座槽钢与预埋钢板焊接，然后将箱柜与底座槽钢用螺栓固定；

3. 槽钢与预埋钢板间角焊缝焊脚尺寸h_f不小于4 mm；

4. 本图仅用于箱柜底部与槽钢采用螺栓连接的方式，若箱柜采用其他固定方式时应另行设计；

5. 预埋钢板尺寸根据第7页预埋钢板大样图确定，钢板厚度根据总说明第7条确定；

6. 本页给出的槽钢尺寸为螺栓栓连接构造要求尺寸，安装单位应对其进行承载力复核；

7. 图中螺栓数量仅为示意，具体数量见构造详表，可根据表中各设防烈度下各列螺栓项选择其一使用。

螺栓直径	M8,M10	M12,M14	M16	M18
槽钢规格	[10	[14b	[18b	[20b

高低压配电柜安装抗震构造图

图集号 川16G121-TY

审核 赵仕兴 校对 张堃 胡斌 设计 袁星 白登辉

页 19

高低压配电柜安装抗震构造详表

A(柜深)	B(柜宽)	H(mm)	质量(kg) m	6度、7度(0.10g) M8	M10	M12	7度(0.15g) M8	M10	M12	8度(0.2g) M10	M12	M14	8度(0.3g) M12	M14	M16	9度 M14	M16	M18	单条焊缝长度(mm) L₀	锚筋 A₀
400≤A<600	400≤B<600	≤2200	≤800	4	2	–	7	4	2	6	4	2	6	4	3	6	4	3	6、7度,≥50 8度,≥100 9度,≥110	6、7度,4Φ10 8度,4Φ14 9度,4Φ16
	600≤B<800		≤1000	3	2	–	5	4	3	5	4	3	5	4	3	5	4	3		
	800≤B≤1000		≤1500	5	3	2	8	5	4	7	5	4	8	6	4	8	6	5		
600≤A<800	400≤B<600	≤2200	≤1000	5	3	2	–	5	3	7	5	3	7	5	4	7	5	4	6、7度,≥50 8度,≥80 9度,≥100	6、7度,4Φ10 8度,4Φ14 9度,4Φ16
	600≤B<800		≤1500	4	2	–	8	5	3	7	5	3	7	5	4	7	5	4		
	800≤B<1000		≤2000	4	2	–	7	5	3	7	5	3	7	5	4	7	5	4		
	1000≤B≤1200		≤2000	4	2	–	6	4	3	5	3		6	4	3	6	4	4		
800≤A<1000	400≤B<600	≤2200	≤1500	7	4	3	–	–	5	–	7	5	–	–	6	–	–	6	6、7度,≥50 8度,≥80 9度,≥100	6、7度,4Φ10 8度,4Φ14 9度,4Φ16
	600≤B<800		≤2000	6	3	2	–	6	4	6	4	3	–	7	5	9	7	5		
	800≤B<1000		≤2000	4	2	–	7	5	3	7	5	3	7	5	4	7	5	4		
	1000≤B≤1200		≤2000	2	–	–	5	3	2	5	3	2	6	4	3	6	4	3		
1000≤A<1200	400≤B≤600	≤2200	≤1500	7	4	3	–	–	5	–	7	5	–	–	6	–	–	6	6、7度,≥50 8度,≥80 9度,≥100	6、7度,4Φ10 8度,4Φ14 9度,4Φ16
	600≤B<800		≤2000	6	3	2	–	6	4	6	4	3	–	7	5	9	7	5		
	800≤B<1000		≤2000	4	2	–	7	5	3	7	5	3	7	5	4	7	5	4		
	1000≤B≤1200		≤2000	2	–	–	5	3	2	5	3	2	6	4	3	6	4	3		
1200≤A<1400	600≤B<800	≤2200	≤2000	6	3	2	–	6	4	6	4	3	–	7	5	9	7	5	6、7度,≥50 8度,≥80 9度,≥100	6、7度,4Φ10 8度,4Φ14 9度,4Φ16
	800≤B<1000	≤2700	≤2000	5	3	2	10	6	4	9	6	4	9	6	5	9	6	5		
	1000≤B<1200		≤2500	4	3	2	9	5	4	8	5	4	10	7	5	10	7	5		
	1200≤B≤1500	≤3200	≤2500	4	2	–	8	5	3	8	5	3	9	7	5	9	7	5		
1400≤A<1800	600≤B<800	≤2200	≤2000	6	3	2	–	6	4	6	4	3	–	9		9	7	5	6、7度,≥50 8度,≥80 9度,≥100	6、7度,4Φ10 8度,4Φ14 9度,4Φ16
	800≤B<1000	≤2700	≤2500	7	4	2	12	8	5	11	7	5	12	8	6	11	8	6		
	1000≤B<1200	≤3200	≤2500	6	4	2	11	7	5	10	7	5	11	8	6	12	8	6		
	1200≤B≤1500		≤2500	4	2	–	8	5	3	8	5	3	9	7	5	9	7	5		
A≥1800	800≤B<1000	≤2700	≤2500	7	4	2	12	8	5	11	7	5	12	8	6	11	8	6	6、7度,≥50 8度,≥60 9度,≥80	6、7度,4Φ10 8度,4Φ14 9度,4Φ16
	1000≤B<1200	≤3200	≤2500	6	4	2	11	7	5	10	7	5	11	8	6	12	8	6		
	1200≤B≤1500		≤2500	4	2	–	8	5	3	8	5	4	9	7	5	9	7	5		

注：1. 表中质量(m)为单个箱柜质量；
　　2. 表中为单个箱柜单侧螺栓数量，螺栓沿B(柜宽)方向均匀设置；
　　3. 表中螺栓项"-"表示不选用该尺寸螺栓。

高低压配电柜安装抗震构造详表

图集号 川16G121-TY

审核 赵仕兴　校对 张堃 胡斌　设计 袁星 白登辉

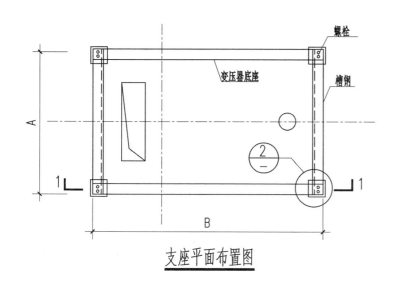

支座平面布置图

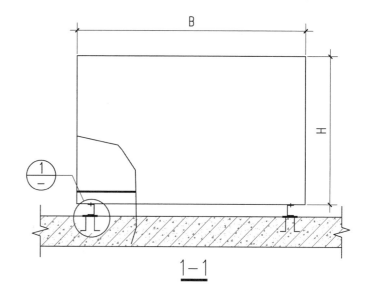

1-1

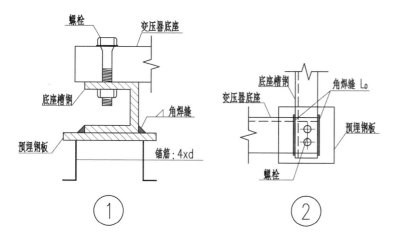

螺栓直径	M8,M10	M12,M14	M16	M18	M20
槽钢规格	[10	[14b	[18b	[20b	[25c

注: 1. 图中尺寸A和B为支座安装平面尺寸;

2. 安装时先将底座槽钢与预埋钢板焊接,然后将箱柜与底座槽钢用螺栓固定;

3. 槽钢与预埋钢板间角焊缝焊脚尺寸h_f小于4 mm;

4. 图中螺栓数量仅为示意,具体数量见构造详表;

5. 本图仅用于变压器底部与槽钢采用螺栓连接的方式,若箱柜采用其他固定方式时应另行设计;

6. 预埋钢板尺寸根据第7页预埋钢板大样图确定,钢板厚度根据总说明第7条确定;

7. 本页给出的槽钢尺寸为螺栓连接构造要求尺寸,安装单位应对其进行承载力复核。

变压器安装抗震构造图	图集号	川16G121-TY
审核 赵仕兴 赵仕兴 校对 张堃 胡斌 吴美 请动 设计 袁星 白登辉 袁星 白登辉	页	21

变压器安装抗震构造详表

底座尺寸(mm) A（宽）	B（长）	H(mm)	质量 m(kg)	6度、7度(0.10g) 螺栓	锚筋	7度(0.15g) 螺栓	锚筋	8度(0.2g) 螺栓	锚筋	8度(0.3g) 螺栓	锚筋	9度 螺栓	锚筋	单条焊缝长度(mm) L0
300≤A<400	600≤B≤800	≤700	≤300	4M8	4Φ8	4M8	4Φ8	4M8	4Φ8	4M8	4Φ8	4M8	4Φ8	
400≤A<600	600≤B≤1000	≤1000	≤500	4M8	4Φ8	4M8	4Φ8	4M8	4Φ8	4M8	4Φ8	4M8	4Φ8	6~9度，≥50
600≤A<800	600≤B<1000	≤1300	≤800	4M8	4Φ8	4M8	4Φ8	4M8	4Φ8	4M8	4Φ8	4M10	4Φ8	
	1000≤B<200	≤1300	≤1400	4M8	4Φ8	4M8	4Φ8	4M8	4Φ8	4M10	4Φ8	4M12	4Φ8	
	1200≤B≤1500	≤1600	≤2500	4M8	4Φ8	4M8	4Φ8	4M10	4Φ8	4M14	4Φ8	4M16	4Φ8	
800≤A<1000	800≤B<1000	≤1400	≤1000	4M8	4Φ8	4M8	4Φ8	4M8	4Φ8	4M8	4Φ8	4M10	4Φ8	
	1000≤B<1200	≤1400	≤1500	4M8	4Φ8	4M8	4Φ8	4M8	4Φ8	4M10	4Φ8	4M10	4Φ8	6、7度，≥50
	1200≤B<1400	≤1800	≤2400	4M8	4Φ8	4M8	4Φ8	4M10	4Φ8	4M12	4Φ8	4M16	4Φ8	8度，≥60
	1400≤B<1600	≤1800	≤3200	4M8	4Φ8	4M8	4Φ8	4M10	4Φ8	4M14	4Φ8	4M16	4Φ10	9度，≥80
	1600≤B<1800	≤1900	≤4000	4M8	4Φ8	4M10	4Φ8	4M12	4Φ8	4M16	4Φ8	4M20	4Φ10	
	1800≤B<2000	≤2000	≤5700	4M8	4Φ8	4M12	4Φ8	4M14	4Φ8	4M20	4Φ10	8M16	4Φ12	
	2000≤B≤2200	≤2000	≤7000	4M10	4Φ8	4M14	4Φ8	4M16	4Φ8	8M16	4Φ12	8M18	4Φ14	
1000≤A<1200	1000≤B<1200	≤800	≤1000	4M8	4Φ8	4M8	4Φ8	4M8	4Φ8	4M8	4Φ8	4M8	4Φ8	
	1200≤B<1400	≤1500	≤1800	4M8	4Φ8	4M8	4Φ8	4M8	4Φ8	4M10	4Φ8	4M10	4Φ8	6、7度，≥50
	1400≤B<1600	≤2000	≤3000	4M8	4Φ8	4M8	4Φ8	4M10	4Φ8	4M12	4Φ8	4M16	4Φ8	8度，≥50
	1600≤B<2000	≤2000	≤5000	4M8	4Φ8	4M10	4Φ8	4M12	4Φ8	4M16	4Φ8	4M20	4Φ10	9度，≥60
	2000≤B≤2200	≤2200	≤6500	4M8	4Φ8	4M12	4Φ8	4M14	4Φ8	4M20	4Φ10	8M16	4Φ12	
1200≤A<1400	1400≤B<1600	≤2200	≤2000	4M8	4Φ8	4M8	4Φ8	4M8	4Φ8	4M10	4Φ8	4M12	4Φ8	
	1600≤B<1800		≤2500	4M8	4Φ8	4M8	4Φ8	4M8	4Φ8	4M12	4Φ8	4M14	4Φ8	6、7度，≥50
	1800≤B<2000		≤5800	4M8	4Φ8	4M10	4Φ8	4M12	4Φ8	4M16	4Φ10	4M20	4Φ12	8度，≥50
	2000≤B≤2200		≤7000	4M10	4Φ8	4M10	4Φ8	4M14	4Φ8	4M18	4Φ10	8M16	4Φ12	9度，≥70
1400≤A<1800	1800≤B<2200	≤2200	≤5000	4M8	4Φ8	4M10	4Φ8	4M10	4Φ8	4M14	4Φ8	4M18	4Φ10	
	2200≤B≤2600	≤2300	≤7500	4M10	4Φ8	4M12	4Φ8	4M14	4Φ8	4M18	4Φ10	8M16	4Φ12	
A≥1800	1600≤B<2000	≤2200	≤6000	4M8	4Φ8	4M10	4Φ8	4M12	4Φ8	4M14	4Φ8	4M18	4Φ10	6、7度，≥50
	2000≤B<2400	≤2600	≤7000	4M10	4Φ8	4M10	4Φ8	4M12	4Φ8	4M16	4Φ10	4M20	4Φ12	8度，≥50
	2400≤B≤3500	≤2700	≤9000	4M10	4Φ8	4M12	4Φ8	4M14	4Φ8	4M18	4Φ10	8M16	4Φ12	9度，≥70

注: 1.表中为变压器所需螺栓总数，螺栓均匀设置于四角。

变压器安装抗震构造详表

图集号 川16G121-TY

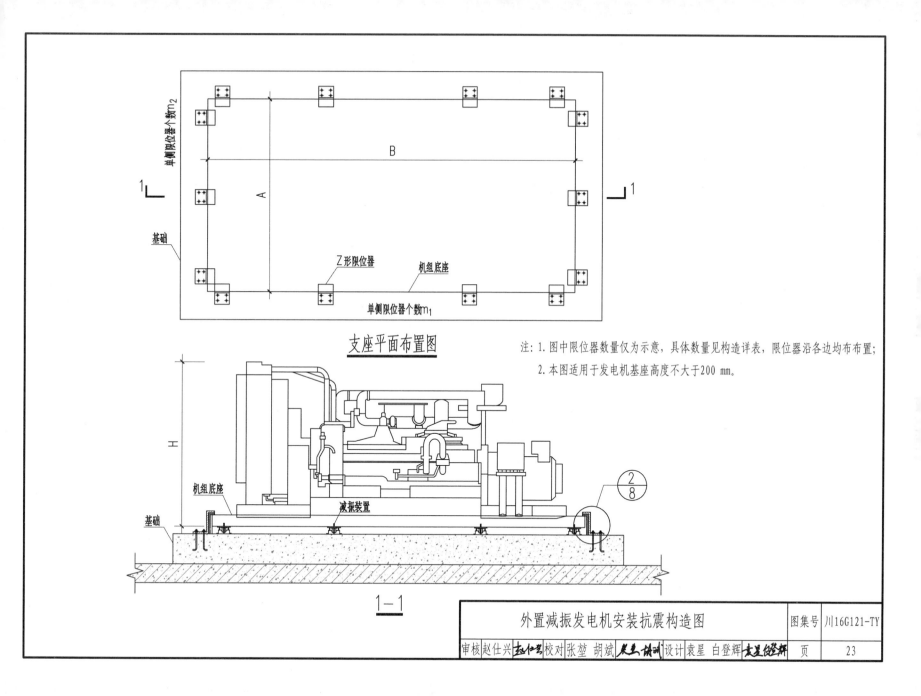

支座平面布置图

注: 1.图中限位器数量仅为示意，具体数量见构造详表，限位器沿各边均布布置；
2.本图适用于发电机基座高度不大于200 mm。

单侧限位器个数m₂

B

A

基础

Z形限位器

机组底座

单侧限位器个数m₁

机组底座

减振装置

基础

H

$\frac{2}{8}$

1－1

外置减振发电机安装抗震构造图	图集号	川16G121-TY
审核 赵仕兴　校对 张堃 胡斌　设计 袁星 白登辉	页	23

外置减振发电机安装抗震构造详表

尺寸(mm) A(宽)	B(长)	H(高度)	质量(kg) m	6度、7度(0.10g) m₁xm₂xt	锚栓	7度(0.15g) m₁xm₂xt	锚栓	8度(0.20g) m₁xm₂xt	锚栓	8度(0.3g) m₁xm₂xt	锚栓	9度 m₁xm₂xt	锚栓
600≤A<800	1000≤B<1500	≤1200	≤800	2x2x10(A)	4M8	2x2x10(A)	4M8	2x2x14(A)	4M8	2x2x14(A)	4M10	2x2x16(A)	4M12
	1500≤B<2000	≤1500	≤1000	2x2x10(A)	4M8	2x2x10(A)	4M8	2x2x18(A)	4M10	2x2x18(A)	4M12	2x2x20(A)	4M14
	2000≤B<2500	≤1600	≤1300	2x2x10(A)	4M8	2x2x12(A)	4M10	2x2x20(A)	4M12	2x2x20(A)	4M16	2x2x10(B)	4M20
800≤A<1000	1500≤B<2000	≤1200	≤800	2x2x10(A)	4M8	2x2x10(A)	4M8	2x2x14(A)	4M8	2x2x14(A)	4M10	2x2x16(A)	4M12
	2000≤B<2500	≤1700	≤1800	2x2x10(A)	4M8	2x2x12(A)	4M10	2x2x20(A)	4M12	2x2x20(A)	4M16	2x2x10(B)	4M20
	2500≤B<3000	≤1800	≤2500	2x2x12(A)	4M10	2x2x14(A)	4M12	2x2x20(A)	4M16	2x2x20(A)	4M20	3x2x10(B)	4M20
	3000≤B<3500	≤2000	≤3500	2x2x14(A)	4M12	2x2x18(A)	4M16	3x2x10(B)	4M20	3x2x10(B)	4M20	5x2x10(B)	4M20
1000≤A<1200	1800≤B<2500	≤2000	≤2000	2x2x12(A)	4M8	2x2x14(A)	4M10	2x2x16(A)	4M12	2x2x20(A)	4M16	2x2x10(B)	4M20
	2500≤B<3000	≤2000	≤3000	2x2x14(A)	4M12	2x2x16(A)	4M12	2x2x18(A)	4M16	2x2x10(B)	4M20	3x2x10(B)	4M20
	3000≤B<3500	≤2200	≤3500	2x2x14(A)	4M10	2x2x18(A)	4M12	3x2x20(A)	4M16	3x2x10(B)	4M20	3x2x10(B)	4M20
	3500≤B<4000	≤2200	≤4000	2x2x14(A)	4M10	2x2x18(A)	4M14	3x2x20(A)	4M16	3x2x10(B)	4M18	4x2x10(B)	4M20
1200≤A<1500	3000≤B<3500	≤2200	≤4500	2x2x16(A)	4M12	2x2x20(A)	4M12	2x2x20(A)	4M14	3x2x10(B)	4M20	3x2x10(B)	4M20
	3500≤B<4000	≤2500	≤6500	2x2x20(A)	4M12	2x2x10(B)	4M14	3x2x20(A)	4M16	3x2x10(B)	4M20	5x3x10(B)	4M20
	4000≤B<4500	≤2500	≤8500	2x2x10(B)	4M14	2x2x10(B)	4M16	3x2x10(B)	4M20	4x3x10(B)	4M20	5x3x10(B)	6M18
	4500≤B<5000	≤2500	≤9500	2x2x10(B)	4M16	2x2x10(B)	4M18	3x2x10(B)	4M20	5x3x10(B)	4M20	5x3x10(B)	6M20
	5000≤B<5500	≤3000	≤12000	2x2x10(B)	4M16	2x2x10(B)	4M20	4x3x10(B)	4M20	5x3x10(B)	6M20	5x3x10(B)	8M18
1500≤A<2000	3000≤B<4000	≤2500	≤5500	2x2x18(A)	4M12	2x2x10(B)	4M14	2x2x10(B)	4M16	2x2x10(B)	4M20	4x3x10(B)	4M18
	4000≤B<4500	≤2500	≤7500	2x2x20(A)	4M14	2x2x10(B)	4M16	2x2x10(B)	4M18	4x3x10(B)	4M18	4x3x10(B)	4M20
	4500≤B<5000	≤2500	≤8000	2x2x10(B)	4M14	2x2x10(B)	4M16	2x2x10(B)	4M18	4x3x10(B)	4M18	4x3x10(B)	6M18
	5000≤B<6000	≤2500	≤11000	2x2x10(B)	4M16	2x2x10(B)	4M20	3x3x10(B)	4M18	4x3x10(B)	6M18	4x3x10(B)	6M20
2000≤A<3000	4000≤B<5500	≤2500	≤12000	2x2x10(B)	4M16	2x2x10(B)	4M20	3x3x10(B)	4M18	4x4x10(B)	4M20	4x4x10(B)	6M18

注：1. 表中"$m_1 \times m_2 \times t$"列表示设备每边的限位器数量及型号，t表示限位器厚度；
    2. m_1代表沿(B)长方向单侧设置的限位器数量；
    3. m_2代表沿(A)宽方向单侧设置的限位器数量；
    4. 表中"锚栓"项表示每个限位器所需的锚栓数目及大小，两个方向限位器锚栓数量及直径相同

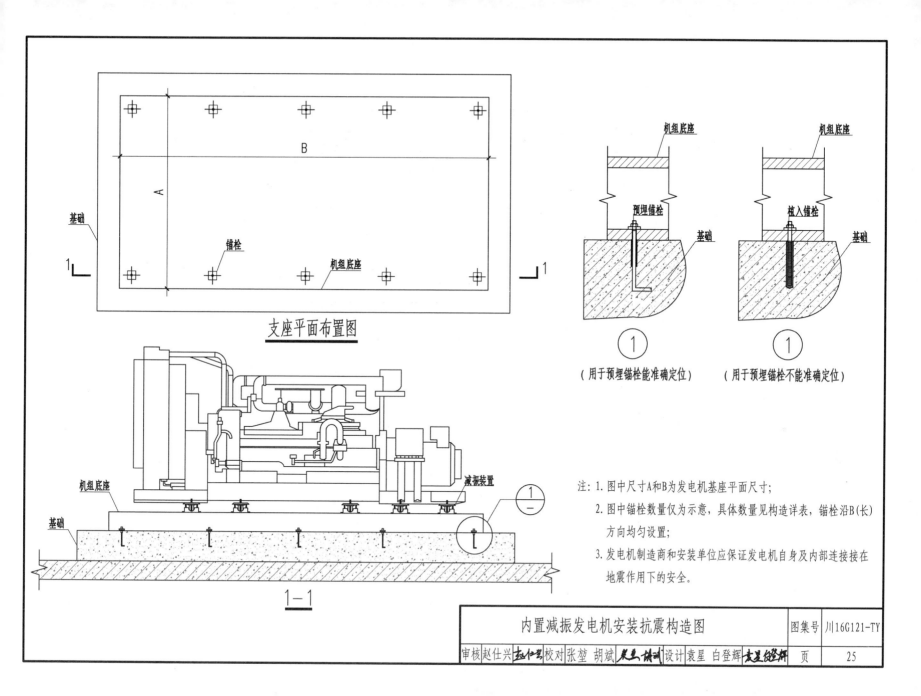

支座平面布置图

1-1

（用于预埋锚栓能准确定位）　　　（用于预埋锚栓不能准确定位）

注：1. 图中尺寸A和B为发电机基座平面尺寸；

2. 图中锚栓数量仅为示意，具体数量见构造详表，锚栓沿B(长)
方向均匀设置；

3. 发电机制造商和安装单位应保证发电机自身及内部连接接在
地震作用下的安全。

内置减振发电机安装抗震构造图	图集号	川16G121-TY
审核 赵仕兴　校对 张堃 胡斌　设计 袁星 白登辉	页	25

内置减振发电机安装抗震构造详表

安装底座尺寸(mm)			质量(kg)	6度、7度(0.10g)			7度(0.15g)			8度(0.2g)			8度(0.3g)			9度		
A(宽)	B(长)	H	m	M8	M10	M12	M8	M10	M12	M10	M12	M14	M12	M14	M16	M12	M16	M20
600≤A<800	1000≤B<1500	≤1200	≤800	2	–	–	2	–	–	2	–	–	2	–	–	2	–	–
	1500≤B<2000	≤1500	≤1000	2	–	–	2	–	–	2	–	–	2	–	–	2	–	–
	2000≤B<2500	≤1600	≤1300	2	–	–	2	–	–	2	–	–	2	–	–	3	2	–
800≤A<1000	1500≤B<2000	≤1200	≤800	2	–	–	2	–	–	2	–	–	2	–	–	2	–	–
	2000≤B<2500	≤1700	≤1800	2	–	–	2	–	–	2	–	–	3	2	–	3	2	–
	2500≤B<3000	≤1800	≤2500	2	–	–	3	2	–	3	2	–	4	3	2	5	3	2
	3000≤B<3500	≤2000	≤3500	2	–	–	5	3	2	5	3	2	5	4	3	7	4	3
1000≤A<1200	1800≤B<2500	≤2000	≤2000	2	–	–	2	–	–	3	2	–	3	2	–	3	2	–
	2500≤B<3000		≤3000	2	–	–	3	2	–	3	2	–	4	3	2	5	3	2
	3000≤B<3500	≤2200	≤3500	2	–	–	4	3	2	4	3	2	5	3	3	6	4	3
	3500≤B<4000		≤4000	2	–	–	4	3	2	4	3	2	5	4	3	7	4	3
1200≤A<1500	3000≤B<3500	≤2200	≤4500	3	2	–	4	3	2	4	3	2	5	4	3	7	4	3
	3500≤B<4000	≤2500	≤6500	4	3	2	6	4	3	6	5	3	–	6	4	–	6	4
	4000≤B<4500		≤8500	5	4	3	8	5	4	8	6	4	–	7	5	–	6	4
	4500≤B<5000		≤9500	6	4	3	9	6	4	9	7	5	–	8	6	–	9	5
	5000≤B<5500	≤3000	≤12000	7	5	4	–	9	7	–	10	7	–	–	9	–	–	8
1500≤A<2000	3000≤B<4000	≤2500	≤5500	4	2	–	5	3	2	4	3	2	5	4	3	7	4	3
	4000≤B<4500		≤7500	5	3	2	7	5	3	6	4	3	7	5	4	–	6	4
	4500≤B<5000		≤8000	5	3	2	7	5	3	6	5	3	–	6	4	–	6	4
	5000≤B<6000		≤11000	7	5	3	10	7	5	8	6	5	10	–	6	–	8	5
2000≤A<3000	B≤6000	≤2500	≤12000	7	5	3	–	7	4	9	6	5	–	7	6	–	8	5

注: 1. 表中"锚栓"项为发电机单侧所需锚栓数量;
　　2. 表中锚栓项"–"表示不选用该锚栓;
　　3. 可根据表中各设防烈度下各列锚栓项选择其一使用。

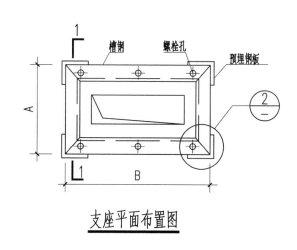

支座平面布置图

螺栓直径	M8,M10	M12,M14	M16	M18
槽钢规格	[10	[14b	[18b	[20b

注：1. 预埋钢板沿单个箱柜四角布置；

2. 安装时先将底座槽钢与预埋钢板焊接，然后将箱柜与底座槽钢用螺栓固定；

3. 槽钢与预埋钢板间角焊缝焊脚尺寸 h_f 不小于 4 mm；

4. 预埋钢板尺寸根据第7页预埋钢板大样图确定，钢板厚度根据总说明第7条确定；

5. 图中螺栓数量仅为示意，具体数量见构造详表；

6. 本图仅用于箱柜底部与槽钢采用螺栓连接的方式，若箱柜采用其他固定方式时应另行设计；

7. 本页给出的槽钢尺寸为螺栓连接构造要求尺寸，安装单位应对其进行承载力复核。

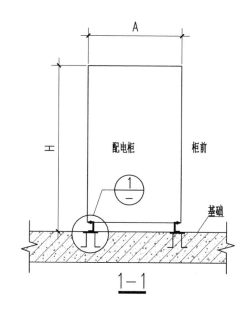

1－1

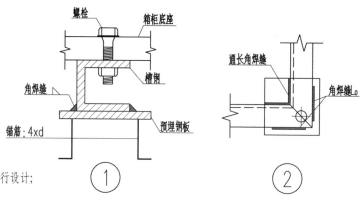

锚筋：4xd

配电箱（柜）安装抗震构造图一	图集号	川16G121-TY
审核 赵仕兴 赵仕兴 校对 张垄 胡斌 陈志讲讲 设计 袁星 白登辉 白登辉	页	27

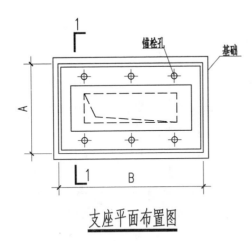

锚栓孔　　基础

A

B

支座平面布置图

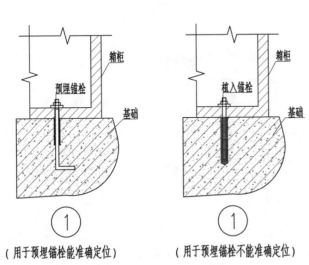

箱柜

预埋锚栓

基础

①

（用于预埋锚栓能准确定位）

箱柜

植入锚栓

基础

①

（用于预埋锚栓不能准确定位）

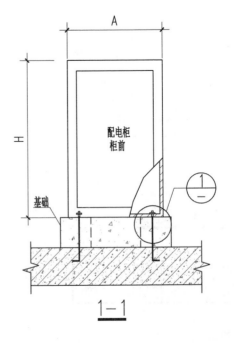

A

H

配电柜
柜前

基础

①

1-1

注：1. 施工时在设备基础上预留锚栓，箱柜与设备基础通过锚栓固定；

　　2. 图中锚栓数量仅为示意，具体数量见构造详表。

配电箱（柜）安装抗震构造图二	图集号	川16G121-TY

审核 赵仕兴　　　校对 张垄 胡斌　　　设计 袁星 白登辉　　　页 28

配电箱（柜）安装抗震构造详表

尺寸(mm)			质量(kg)	6度、7度(0.10g)			7度(0.15g)			8度(0.2g)			8度(0.3g)			9度			单条焊缝长度(mm)	锚筋
短边尺寸	长边尺寸	高(H)	m	M8	M10	M12	M8	M10	M12	M10	M12	M14	M12	M14	M16	M14	M16	M18	L_0	A_s
400≤A<600	400≤B<600	≤2200	≤800	2	–	–	2	–	–	2	–	–	3	2	–	3	2	–	6、7度,≥50	6、7度,4Φ8
	600≤B<800		≤1000	2	–	–	3	2	–	3	2	–	3	2	–	3	2	–	8度,≥60	8度,4Φ12
	800≤B<1000		≤1500	3	2	–	4	3	2	4	3	2	4	3	3	4	3	3	9度,≥80	9度,4Φ14
600≤A<800	600≤B<800	≤2200	≤1500	2	–	–	2	–	–	2	–	–	3	2	–	3	2	–	6、7度,≥50	6、7度,4Φ10
	800≤B<1000		≤2000	2	–	–	4	2	–	4	2	–	4	3	2	4	3	2	8度,≥50	8度,4Φ10
	1000≤B<1200		≤2000	2	–	–	3	2	–	3	2	–	4	3	2	4	3	2	9度,≥70	9度,4Φ12
800≤A<1000	800≤B<1000	≤2200	≤2000	2	–	–	2	–	–	2	–	–	2	–	–	3	2	–	6、7度,≥50	6、7度,4Φ10
	1000≤B<1200		≤2000	2	–	–	2	–	–	2	–	–	3	2	–	3	2	–	8度,≥50	8度,4Φ10
1000≤A≤1200	1000≤B≤1200	≤2200	≤2000	2	–	–	2	–	–	2	–	–	2	–	–	3	2	–	9度,≥50	9度,4Φ12

注：1. 表中为箱柜单侧螺栓(锚栓)数量，螺栓(锚栓)沿B(长)向设置，当箱柜为正方形时每条边均应满足表中螺栓(锚栓)数量要求，其中角部螺栓(锚栓)可共用；

2. 表中螺栓(锚栓)项"–"表示不选用该螺栓(锚栓)；

3. 可根据表中各设防烈度下各列螺栓(锚栓)项选择其一使用。

配电箱（柜）安装抗震构造详表	图集号	川16G121-TY
审核 赵仕兴　　　校对 张堃　胡斌　　　设计 袁星　白登辉	页	29

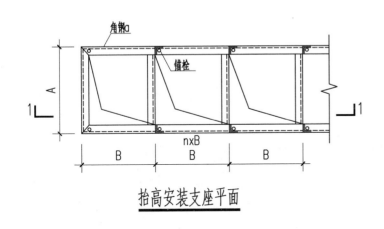

抬高安装支座平面

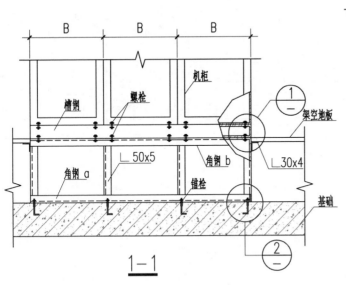

1—1

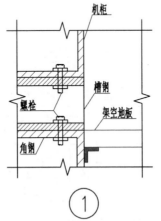

①

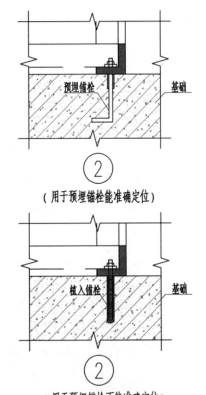

（用于预埋锚栓能准确定位）

②

（用于预埋锚栓不能准确定位）

螺栓(锚栓)直径	M8,M10	M12,M14	M16	M18	M20
角钢规格	∟45x4	∟63x6	∟75x6	∟80x7	∟90x8
槽钢规格	[10	[14b	[18b	[20b	[25c

注：1. 架空钢架采用焊接，焊脚尺寸h_f不小于4 mm；

2. 螺栓和锚栓设置于单个机柜四角；

3. 本页给出的槽钢尺寸为螺栓(锚栓)连接构造要求尺寸，安装单位应对齐进行承载力复核。

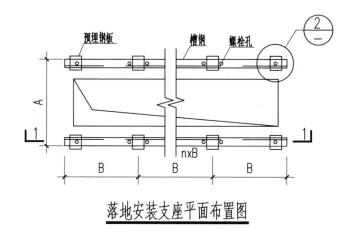

落地安装支座平面布置图

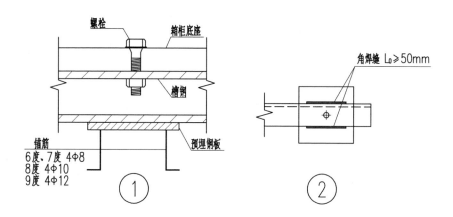

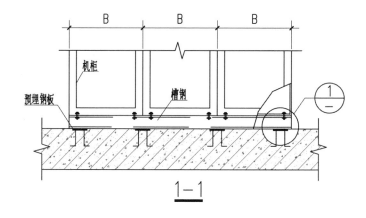

1－1

螺栓直径	M8,M10	M12,M14	M16
槽钢规格	[10	[14b	[18b

注: 1. 预埋钢板沿单个机柜四角布置;

2. 安装时先将底座槽钢与预埋钢板焊接,然后将箱柜与底座槽钢用螺栓固定;

3. 槽钢与预埋钢板间角焊缝焊脚尺寸h_f不小于4 mm;

4. 预埋钢板尺寸根据第7页预埋钢板大样图确定,钢板厚度根据总说明第7条确定;

5. 螺栓设置于单个机柜四角,其数量和尺寸按构造详表中"螺栓"项选用;

6. 本页给出的槽钢尺寸为螺栓连接构造要求尺寸,安装单位应对齐进行承载力复核。

弱电机柜落地安装抗震构造图	图集号	川16G121-TY

弱电机柜安装抗震构造详表

尺寸(mm)		高(H)	质量(kg) m	6度、7度(0.10g)		7度(0.15g)		8度(0.2g)		8度(0.3g)		9度	
短边尺寸	长边尺寸			螺栓	锚栓	螺栓	锚栓	螺栓	锚栓	螺栓	锚栓	螺栓	锚栓
600≤A<800	600≤B≤1200	≤2200	≤1000	4M8	M8	4M8	M12	4M10	M14	4M12	M16	4M14	M20
800≤A<1000	800≤B≤1200			4M8	M8	4M8	M10	4M8	M12	4M10	M14	4M12	M16
1000≤A<1200	1000≤B≤1200			4M8	M8	4M8	M8	4M8	M10	4M8	M12	4M10	M14

注: 1. 表中尺寸(长、短边)与质量(m)为单个机柜底座尺寸及其质量;

2. 表中螺栓为单个机柜所需的螺栓数量及尺寸;

3. 本表仅给出锚栓直径,锚栓布置根据第30页抗震构造图示意,均在角点处布置。

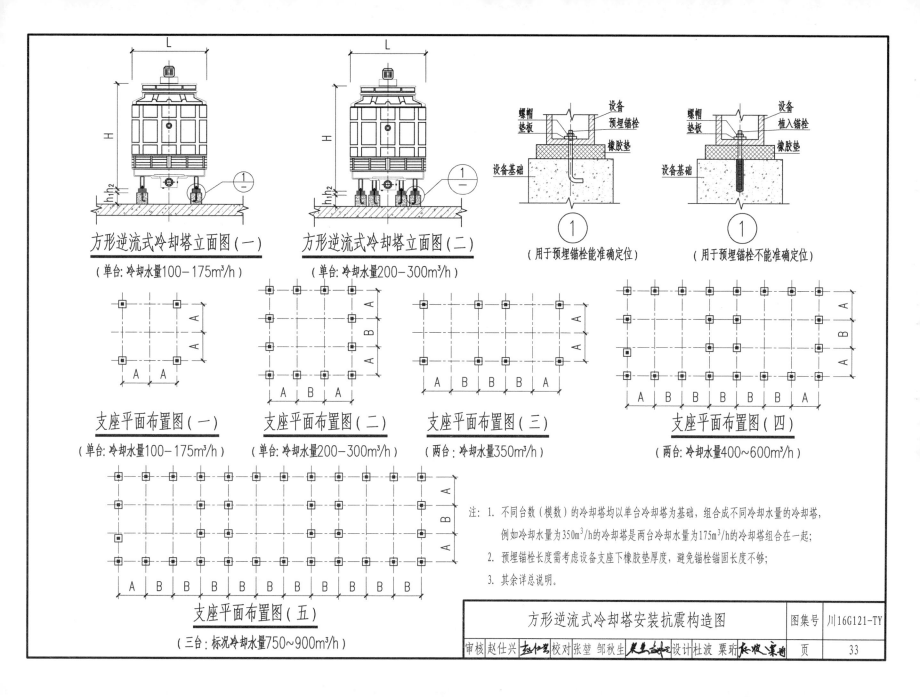

方形逆流式冷却塔立面图（一）

（单台：冷却水量100-175m³/h）

方形逆流式冷却塔立面图（二）

（单台：冷却水量200-300m³/h）

（用于预埋锚栓能准确定位）

（用于预埋锚栓不能准确定位）

支座平面布置图（一）

（单台：冷却水量100-175m³/h）

支座平面布置图（二）

（单台：冷却水量200-300m³/h）

支座平面布置图（三）

（两台：冷却水量350m³/h）

支座平面布置图（四）

（两台：冷却水量400~600m³/h）

支座平面布置图（五）

（三台：标况冷却水量750~900m³/h）

注：1. 不同台数（模数）的冷却塔均以单台冷却塔为基础，组合成不同冷却水量的冷却塔，

例如冷却水量为350m³/h的冷却塔是两台冷却水量为175m³/h的冷却塔组合在一起；

2. 预埋锚栓长度需考虑设备支座下橡胶垫厚度，避免锚栓锚固长度不够；

3. 其余详总说明。

方形逆流式冷却塔安装抗震构造图		图集号	川16G121-TY
审核 赵仕兴 赵仕兴 校对 张垫 邹秋生	设计 杜波 栗珩	页	33

方形逆流式冷却塔安装抗震构造详表

台数	冷却水量 (m³/h)	尺寸(mm)			运转质量 (kg)	6度	7度(0.10g)	7度(0.15g)	8度(0.20g)	8度(0.30g)	9度	锚栓数量
		A	B	H		锚栓	锚栓	锚栓	锚栓	锚栓	锚栓	
1	100	950	–	4030	1790	M12	M12	M12	M12	M14	M16	4
	125	1100	–	4130	2640	M12	M12	M12	M14	M16	M18	4
	150	1100	–	4280	2840	M12	M12	M12	M14	M16	M20	4
	175	1100	–	4280	3040	M12	M12	M14	M14	M18	M20	4
	200	975	850	4480	3710	M12	M12	M12	M14	M16	M18	12
	250	1200	1000	4530	5360	M12	M12	M14	M16	M18	M20	12
	300	1200	1000	4530	6190	M12	M12	M14	M16	M20	M22	12
2	350	1100	700	4480	5960	M12	M12	M14	M14	M18	M20	8
	400	975	850	4680	7280	M12	M12	M12	M14	M16	M18	24
	500	1200	1000	4730	10560	M12	M12	M14	M16	M18	M20	24
	600	1200	1000	4730	12220	M12	M12	M14	M16	M20	M22	24
3	750	1200	1000	4830	15760	M12	M12	M14	M16	M18	M20	36
	900	1200	1000	4830	18250	M12	M12	M14	M16	M20	M22	36

方形逆流式冷却塔安装抗震构造详表	图集号	川16G121-TY
审核 赵仕兴　赵仕兴　校对 张堃 邹秋生　天远与秋生　设计 杜波 粟珩　粟珩粟珩	页	34

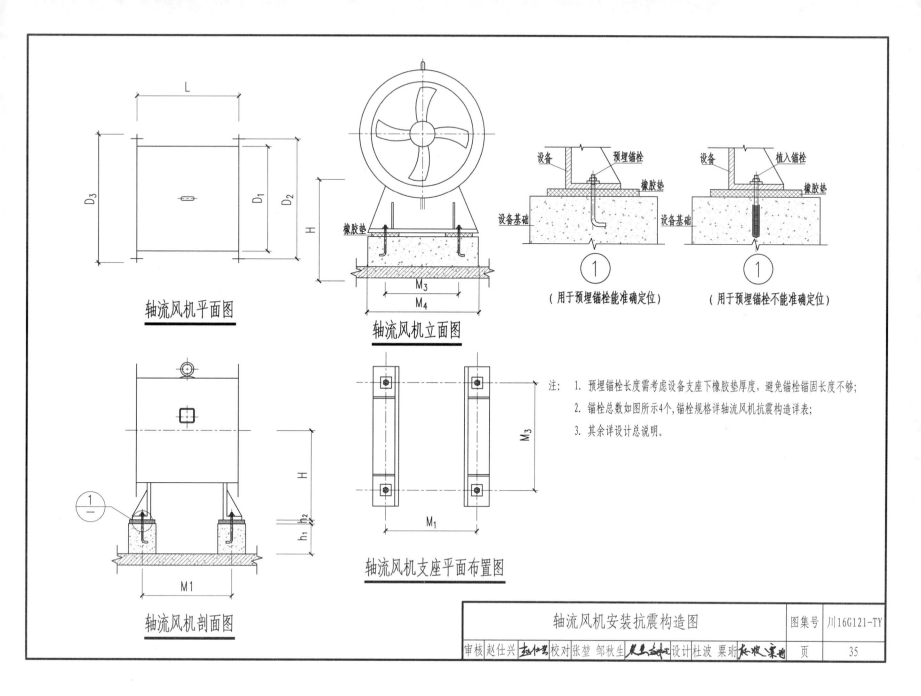

轴流风机平面图

轴流风机立面图

设备　预埋锚栓
橡胶垫
设备基础

①

（用于预埋锚栓能准确定位）

设备　植入锚栓
橡胶垫
设备基础

①

（用于预埋锚栓不能准确定位）

轴流风机剖面图

轴流风机支座平面布置图

注： 1. 预埋锚栓长度需考虑设备支座下橡胶垫厚度，避免锚栓锚固长度不够；
　　 2. 锚栓总数如图所示4个，锚栓规格详轴流风机抗震构造详表；
　　 3. 其余详设计总说明。

轴流风机安装抗震构造图	图集号	川16G121-TY
审核 赵仕兴 赵仕兴 校对 张堃 邹秋生 天生 设计 杜波 粟玠 衣坡 集逆	页	35

轴流风机安装抗震构造详表

风机型号	尺寸(mm)							质量(kg)	6度	7度(0.10g)	7度(0.15g)	8度(0.20g)	8度(0.30g)	9度
HTF–No.	D1	D2	D3	M_1	M_2	M_3	M_4	m	锚栓	锚栓	锚栓	锚栓	锚栓	锚栓
2.8	283	346	355	175	212	200	260	≤12	M10	M10	M10	M10	M10	M10
3.15	318	381	400	190	232	220	300	≤14	M10	M10	M10	M10	M10	M10
3.55	358	422	450	230	272	250	380	≤16	M10	M10	M10	M10	M10	M10
4	404	478	500	240	290	280	400	≤22	M10	M10	M10	M10	M10	M10
4.5	454	528	580	240	290	310	430	≤24	M10	M10	M10	M10	M10	M10
5	504	588	630	240	290	400	500	≤33	M10	M10	M10	M10	M10	M10
5.6	564	649	710	260	318	440	540	≤45	M10	M10	M10	M10	M10	M10
6.3	634	719	800	320	378	440	540	≤65	M10	M10	M10	M10	M10	M10
7.1	715	800	900	330	388	490	700	≤95	M10	M10	M10	M10	M10	M10
8	805	891	1000	380	468	550	770	≤100	M10	M10	M10	M10	M10	M10
9	905	1001	1120	440	526	610	850	≤135	M10	M10	M10	M10	M10	M12
10	1006	1103	1250	505	616	670	956	≤165	M10	M10	M10	M10	M12	M12
11.2	1126	1230	1400	580	686	760	1289	≤210	M10	M10	M10	M12	M12	M12

轴流风机安装抗震构造详表

图集号 川16G121-TY

审核 赵仕兴　校对 张堃 邹秋生　设计 杜波 粟珩

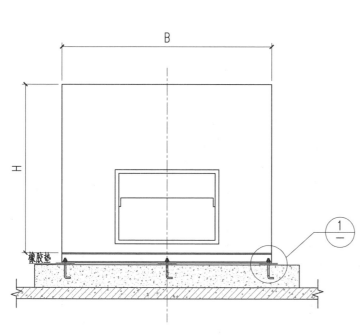

柜式风机立面图

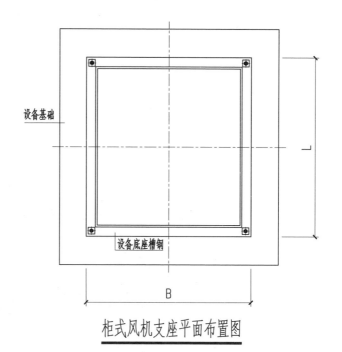

柜式风机支座平面布置图

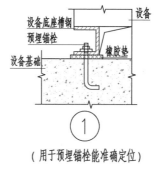

（用于预埋锚栓能准确定位）

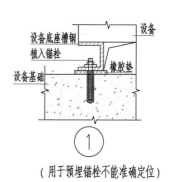

（用于预埋锚栓不能准确定位）

注： 1. 锚栓总数如图所示4个,锚栓规格详抗震构造详表;
     2. 其余详设计总说明。

	柜式风机安装抗震构造图	图集号	川16G121-TY
审核 赵仕兴　校对 张堃 邹秋生　设计 杜波 粟珩		页	37

柜式风机安装抗震构造详表

型号 HTFC-No.	尺寸(mm)			质量(kg)	6度	7度(0.10g)	7度(0.15g)	8度(0.20g)	8度(0.30g)	9度
	B	L	H	m	锚栓	锚栓	锚栓	锚栓	锚栓	锚栓
9	850	1080	600	≤60	M10	M10	M10	M10	M10	M10
10	910	1180	650	≤90	M10	M10	M10	M10	M10	M10
12	1000	1320	800	≤130	M10	M10	M10	M10	M10	M10
15	1150	1580	900	≤210	M10	M10	M10	M10	M10	M10
18	1360	1680	950	≤300	M10	M10	M10	M10	M10	M10
20	1480	1810	1200	≤410	M10	M10	M10	M10	M10	M10
22	1540	1900	1300	≤500	M10	M10	M10	M10	M10	M10
25	1600	2040	1400	≤600	M10	M10	M10	M10	M10	M12
27.5	1600	2380	1500	≤680	M10	M10	M10	M10	M12	M12
30	1740	2460	1600	≤700	M10	M10	M10	M12	M12	M12

	柜式风机安装抗震构造详表	图集号	川16G121-TY
审核 赵仕兴 赵仕兴 校对 张堃 邹秋生 设计 杜波 粟珩		页	38

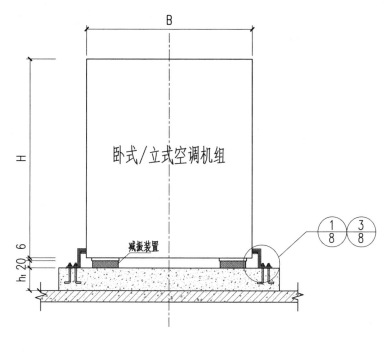

卧式/立式空调机组立面图

卧式/立式空调机组支座平面布置图

注： 1. 本图适用于空调机组采用减振装置减振，采用限位器抗震的做法；

2. 卧式空调机组限位器采用①号节点大样，立式空调机组采用③号节点大样；

3. 限位器在长边和短边方向布置的数量均为m，例如本图支座平面布置图所示每边数目为3个，具体详抗震构造详表；

4. 其余详设计总说明。

卧式/立式空调机组安装抗震构造图（有减振装置）	图集号	川16G121-TY
审核 赵仕兴　校对 张堃 邹秋生　设计 杜波 粟珩	页	39

卧式空调机组安装抗震构造详表（有减振装置）

风量 (m³/h)	尺寸(mm)			机组质量 (kg)	6度		7度(0.10g)		7度(0.15g)		8度(0.20g)		8度(0.30g)		9度	
	L	B	H		锚栓	mxt	锚栓	mxt	锚栓	mxt	锚栓	mxt	锚栓	mxt	锚栓	mxt
2000	1936	916	751	196	4M8	2x8	4M8	2x8	4M8	2x8	4M8	2x8	4M8	2x8	4M8	2x8
3000	1936	1016	780	223	4M8	2x8	4M8	2x8	4M8	2x8	4M8	2x8	4M8	2x8	4M8	2x8
4000	1996	1116	915	275	4M8	2x8	4M8	2x8	4M8	2x8	4M8	2x8	4M8	2x8	4M8	2x8
5000	1996	1166	915	288	4M8	2x8	4M8	2x8	4M8	2x8	4M8	2x8	4M8	2x8	4M8	2x8
6000	2096	1166	1010	323	4M8	2x8	4M8	2x8	4M8	2x8	4M8	2x8	4M8	2x8	4M8	2x8
7000	2176	1306	1010	362	4M8	2x8	4M8	2x8	4M8	2x8	4M8	2x8	4M8	2x8	4M8	2x8
8000	2176	1306	1140	394	4M8	2x8	4M8	2x8	4M8	2x8	4M8	2x8	4M8	2x8	4M8	2x8
10000	2406	1416	1270	480	4M8	2x8	4M8	2x8	4M8	2x8	4M8	2x8	4M8	2x8	4M8	2x10
12000	2406	1586	1270	524	4M8	2x8	4M8	2x8	4M8	2x8	4M8	2x8	4M8	2x8	4M8	2x10
15000	2486	1726	1390	604	4M8	2x8	4M8	2x8	4M8	2x8	4M8	2x8	4M8	2x8	4M8	2x10
18000	2486	1836	1520	665	4M8	2x8	4M8	2x8	4M8	2x8	4M8	2x8	4M8	2x10	4M10	2x12
20000	2576	2006	1520	719	4M8	2x8	4M8	2x8	4M8	2x8	4M8	2x8	4M8	2x10	4M10	2x12
22000	2676	2006	1650	770	4M8	2x8	4M8	2x8	4M8	2x8	4M8	2x8	4M8	2x10	4M10	2x12
25000	2842	2236	1685	883	4M8	2x8	4M8	2x8	4M8	2x8	4M8	2x10	4M10	2x12	4M10	2x12
28000	2842	2286	1815	961	4M8	2x8	4M8	2x8	4M8	2x8	4M8	2x10	4M10	2x12	4M10	2x12
30000	2972	2426	1815	1031	4M8	2x8	4M8	2x8	4M8	2x8	4M8	2x10	4M10	2x12	4M10	2x14
33000	2972	2636	1815	1101	4M8	2x8	4M8	2x8	4M8	2x10	4M8	2x10	4M10	2x12	4M12	2x14
36000	2972	2846	1815	1191	4M8	2x8	4M8	2x8	4M8	2x10	4M8	2x10	4M10	2x12	4M12	2x14
40000	3301	2716	2125	1487	4M8	2x8	4M8	2x8	4M8	2x10	4M10	2x12	4M12	2x14	4M12	3x14
45000	3301	2856	2250	1648	4M8	2x8	4M8	2x8	4M10	2x10	4M10	2x12	4M12	2x14	4M12	3x14
50000	3466	3136	2250	1930	4M8	2x8	4M8	2x10	4M10	2x12	4M10	2x14	4M12	3x14	4M12	3x14
60000	3646	3176	2430	2339	4M8	2x8	4M8	2x10	4M10	2x12	4M12	2x14	4M12	3x14	4M12	4x14

注： 1. 表中锚栓列内容表示每个限位器所需的锚栓数目及大小；

2. 表中m×t列表示设备每边的限位器数量及尺寸，例2×8表示每边设置2个厚度为8 mm的限位器；

3. 表中所采用的限位器类型均为A型；

4. 其余详总说明。

卧式空调机组安装抗震构造详表（有减振装置）	图集号	川16G121-TY
审核 赵仕兴 [签名] 校对 张垄 邹秋生 [签名] 设计 杜波 粟珩 [签名]	页	40

立式空调机组安装抗震构造详表（有减振装置）

风量 (m³/h)	尺寸(mm)			机组质量 (kg)	6度		7度(0.10g)		7度(0.15g)		8度(0.20g)		8度(0.30g)		9度	
	L	B	H		锚栓	mxt	锚栓	mxt	锚栓	mxt	锚栓	mxt	锚栓	mxt	锚栓	mxt
2000	866	686	1178	154	4M8	2x6	4M8	2x6	4M8	2x6	4M8	2x6	4M8	2x6	4M8	2x6
3000	1026	686	1238	167	4M8	2x6	4M8	2x6	4M8	2x6	4M8	2x6	4M8	2x6	4M8	2x6
4000	1286	686	1378	212	4M8	2x6	4M8	2x6	4M8	2x6	4M8	2x6	4M8	2x6	4M8	2x6
5000	1376	686	1442	239	4M8	2x6	4M8	2x6	4M8	2x6	4M8	2x6	4M8	2x6	4M8	2x8
6000	1376	686	1569	253	4M8	2x6	4M8	2x6	4M8	2x6	4M8	2x6	4M8	2x6	4M8	2x8
7000	1386	766	1718	286	4M8	2x6	4M8	2x6	4M8	2x6	4M8	2x6	4M8	2x6	4M8	2x8
8000	1436	766	1782	303	4M8	2x6	4M8	2x6	4M8	2x6	4M8	2x6	4M8	2x8	4M8	2x8
10000	1706	896	1908	379	4M8	2x6	4M8	2x6	4M8	2x6	4M8	2x6	4M8	2x8	4M8	2x8
12000	1966	896	1908	418	4M8	2x6	4M8	2x6	4M8	2x6	4M8	2x6	4M8	2x8	4M8	2x10
15000	2076	896	1908	476	4M8	2x6	4M8	2x6	4M8	2x6	4M8	2x6	4M8	2x8	4M8	2x10
18000	2276	896	1972	585	4M8	2x6	4M8	2x6	4M8	2x6	4M8	2x6	4M8	2x10	4M8	2x10
20000	2366	896	2171	623	4M8	2x6	4M8	2x6	4M8	2x6	4M8	2x8	4M8	2x10	4M10	2x10
22000	2366	896	2298	652	4M8	2x6	4M8	2x6	4M8	2x8	4M8	2x8	4M8	2x10	4M10	2x10
25000	2366	896	2425	700	4M8	2x6	4M8	2x6	4M8	2x8	4M8	2x8	4M8	2x10	4M10	2x12
28000	2606	1066	2408	776	4M8	2x6	4M8	2x6	4M8	2x8	4M8	2x8	4M8	2x10	4M10	2x12
30000	2766	1066	2408	839	4M8	2x6	4M8	2x6	4M8	2x8	4M8	2x10	4M10	2x10	4M10	2x12
33000	3006	1066	2438	913	4M8	2x6	4M8	2x6	4M8	2x8	4M8	2x10	4M10	2x12	4M10	2x12
36000	3246	1066	2438	958	4M8	2x6	4M8	2x8	4M8	2x8	4M8	2x10	4M10	2x12	4M10	2x12

注： 1. 表中锚栓列内容表示每个限位器所需的锚栓数目及大小；

2. 表中m×t列表示设备每边的限位器数量及尺寸，例2×8表示每边设置2个厚度为8 mm的限位器；

3. 表中所采用的限位器类型均为A型；

4. 其余详总说明。

立式空调机组安装抗震构造详表（有减振装置）	图集号	川16G121-TY
审核 赵仕兴　校对 张堃 邹秋生　设计 杜波 栗珩	页	41

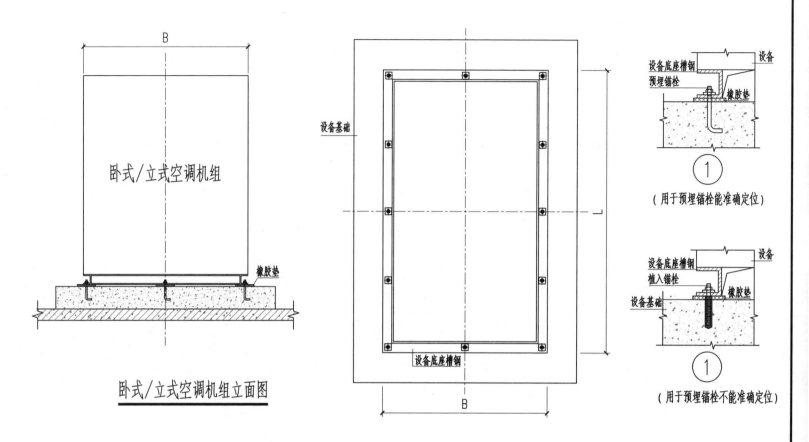

卧式/立式空调机组立面图

卧式/立式空调机组支座平面布置图

① （用于预埋锚栓能准确定位）

① （用于预埋锚栓不能准确定位）

注： 1. 本图适用于空调机组锚栓固定，采用锚栓抗震的做法；

2. 锚栓在长边L方向单侧布置的数目为n_1，例如本图支座平面布置图所示数目为5个，
锚栓在短边B方向单侧布置的数目为n_2，例如支座平面布置图所示数目为3个，具体详抗震构造详表，
当构造详表中数量与示意图不同时，采用均匀布置的方式；

3. 其余详设计总说明。

卧式/立式空调机组安装抗震构造图（无减振装置）		图集号	川16G121-TY
审核 赵仕兴 赵仁兴 校对 张堃 邹秋生 关生名杰 设计 杜波 粟珩 夜哎渠却		页	42

卧式空调机组安装抗震构造详表（无减振装置）

风量	尺寸(mm)			机组质量	6度~7度(0.10g)		7度(0.15g)		8度(0.20g)		8度(0.30g)		9度	
(m³/h)	L	B	H	(kg)	n_1d	n_2d	n_1d	n_2d	n_1d	n_2d	n_1d	n_2d	n_1d	n_2d
2000	1936	916	751	196	2M8	2M8	2M8	2M8	2M8	2M8	2M8	2M8	2M8	2M8
3000	1936	1016	780	223	2M8	2M8	2M8	2M8	2M8	2M8	2M8	2M8	2M8	2M8
4000	1996	1116	915	275	2M8	2M8	2M8	2M8	2M8	2M8	2M8	2M8	2M8	2M8
5000	1996	1166	915	288	2M8	2M8	2M8	2M8	2M8	2M8	2M8	2M8	2M8	2M8
6000	2096	1166	1010	323	2M8	2M8	2M8	2M8	2M8	2M8	2M8	2M8	2M8	2M8
7000	2176	1306	1010	362	3M8	2M8	3M8	2M8	3M8	2M8	3M8	2M8	3M8	2M8
8000	2176	1306	1140	394	3M8	2M8	3M8	2M8	3M8	2M8	3M8	2M8	3M8	2M8
10000	2406	1416	1270	480	3M8	2M8	3M8	2M8	3M8	2M8	3M8	2M8	3M8	2M8
12000	2406	1586	1270	524	3M8	2M8	3M8	2M8	3M8	2M8	3M8	2M8	3M8	2M8
15000	2486	1726	1390	604	3M8	2M8	3M8	2M8	3M8	2M8	3M8	2M8	3M8	2M8
18000	2486	1836	1520	665	3M8	2M8	3M8	2M8	3M8	2M8	3M8	2M8	3M8	2M8
20000	2576	2006	1520	719	3M8	2M8	3M8	2M8	3M8	2M8	3M8	2M8	3M8	2M8
22000	2676	2006	1650	770	3M8	2M8	3M8	2M8	3M8	2M8	3M8	2M8	3M8	2M8
25000	2842	2236	1685	883	3M8	2M8	3M8	2M8	3M8	2M8	3M8	2M8	3M8	2M8
28000	2842	2286	1815	961	3M8	2M8	3M8	2M8	3M8	2M8	3M8	2M8	3M8	2M8
30000	2972	2426	1815	1031	3M8	2M8	3M8	2M8	3M8	2M8	3M8	2M8	3M8	2M8
33000	2972	2636	1815	1101	3M8	2M8	3M8	2M8	3M8	2M8	3M8	2M8	3M8	2M8
36000	2972	2846	1815	1191	3M8	2M8	3M8	2M8	3M8	2M8	3M8	2M8	3M8	2M8
40000	3301	2716	2125	1487	3M8	2M8	3M8	2M8	3M8	2M8	3M8	2M8	3M8	2M8
45000	3301	2856	2250	1648	3M8	2M8	3M8	2M8	3M8	2M8	3M8	2M8	3M8	2M8
50000	3466	3136	2250	1930	3M8	2M8	3M8	2M8	3M8	2M8	3M8	2M8	3M8	2M8
60000	3646	3176	2430	2339	3M8	2M8	3M8	2M8	3M8	2M8	3M8	2M8	3M10	2M10

注： 1. 表中n_1d列内容表示设备长边L方向单侧所需的锚栓数目及大小；

　　　表中n_2d列内容表示设备短边B方向单侧所需的锚栓数目及大小；

　　2. 其余详总说明。

卧式空调机组安装抗震构造详表（无减振装置）	图集号	川16G121-TY
审核 赵仕兴　校对 张堃 邹秋生　设计 杜波 粟珩	页	43

风量 (m³/h)	尺寸(mm)			机组质量 (kg)	6度~7度(0.10g)		7度(0.15g)		8度(0.20g)		8度(0.30g)		9度	
	L	B	H		n₁d	n₂d	n₁d	n₂d	n₁d	n₂d	n₁d	n₂d	n₁d	n₂d
2000	866	686	1178	154	2M8	2M8	2M8	2M8	2M8	2M8	2M8	2M8	2M8	2M8
3000	1026	686	1238	167	2M8	2M8	2M8	2M8	2M8	2M8	2M8	2M8	2M8	2M8
4000	1286	686	1378	212	2M8	2M8	2M8	2M8	2M8	2M8	2M8	2M8	2M8	2M8
5000	1376	686	1442	239	2M8	2M8	2M8	2M8	2M8	2M8	2M8	2M8	2M8	2M8
6000	1376	686	1569	253	2M8	2M8	2M8	2M8	2M8	2M8	2M8	2M8	2M8	2M8
7000	1386	766	1718	286	2M8	2M8	2M8	2M8	2M8	2M8	2M8	2M8	2M8	2M8
8000	1436	766	1782	303	2M8	2M8	2M8	2M8	2M8	2M8	2M8	2M8	2M8	2M8
10000	1706	896	1908	379	2M8	2M8	2M8	2M8	2M8	2M8	2M8	2M8	2M8	2M8
12000	1966	896	1908	418	2M8	2M8	2M8	2M8	2M8	2M8	2M8	2M8	2M8	2M8
15000	2076	896	1908	476	2M8	2M8	2M8	2M8	2M8	2M8	2M8	2M8	2M8	2M8
18000	2276	896	1972	585	3M8	2M8	3M8	2M8	3M8	2M8	3M8	2M8	3M8	2M8
20000	2366	896	2171	623	3M8	2M8	3M8	2M8	3M8	2M8	3M8	2M8	3M8	2M8
22000	2366	896	2298	652	3M8	2M8	3M8	2M8	3M8	2M8	3M8	2M8	3M8	2M8
25000	2366	896	2425	700	3M8	2M8	3M8	2M8	3M8	2M8	3M8	2M8	3M8	2M8
28000	2606	1066	2408	776	3M8	2M8	3M8	2M8	3M8	2M8	3M8	2M8	3M8	2M8
30000	2766	1066	2408	839	3M8	2M8	3M8	2M8	3M8	2M8	3M8	2M8	3M8	2M8
33000	3006	1066	2438	913	3M8	2M8	3M8	2M8	3M8	2M8	3M8	2M8	3M8	2M8
36000	3246	1066	2438	958	3M8	2M8	3M8	2M8	3M8	2M8	3M8	2M8	3M8	2M8

注： 1. 表中 n₁d 列内容表示设备长边 L 方向单侧所需的锚栓数目及大小；

 表中 n₂d 列内容表示设备短边 B 方向单侧所需的锚栓数目及大小；

 2. 其余详总说明。

立式空调机组安装抗震构造详表（无减振装置）	图集号	川16G121-TY
审核 赵仕兴 [签名] 校对 张堃 邹秋生 [签名] 设计 杜波 粟玙 [签名]	页	44

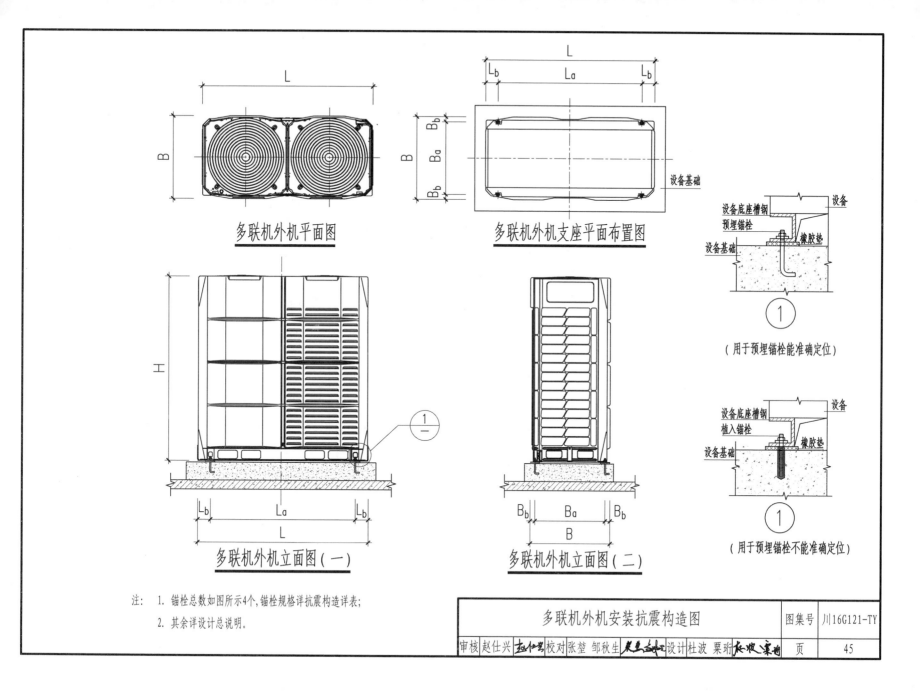

多联机外机平面图

多联机外机支座平面布置图

多联机外机立面图（一）

多联机外机立面图（二）

①（用于预埋锚栓能准确定位）

设备
设备底座槽钢
预埋锚栓
橡胶垫
设备基础
设备基础

①（用于预埋锚栓不能准确定位）

设备
设备底座槽钢
植入锚栓
橡胶垫
设备基础
设备基础

注： 1. 锚栓总数如图所示4个，锚栓规格详抗震构造详表；
2. 其余详设计总说明。

多联机外机安装抗震构造图	图集号	川16G121-TY
审核 赵仕兴 赵仕兴 校对 张堃 邹秋生 设计 杜波 粟珩	页	45

多联机外机安装抗震构造详表

HP	冷量 (kW)	风量 (kW)	尺寸(mm)							机组质量 (kg)	6度~7度(0.10g) 锚栓	7度(0.15g) 锚栓	8度(0.20g) 锚栓	8度(0.30g) 锚栓	9度 锚栓
			L	B	H	La	Lb	Ba	Bb						
8	25.5	27	990	790	1635	740	125	690	50	196	M10	M10	M10	M10	M10
10	28	31.5	990	790	1635	740	125	690	50	223	M10	M10	M10	M10	M10
12	33.5	37.5	990	790	1635	740	125	690	50	275	M10	M10	M10	M10	M10
14	40	45	1340	825	1635	1090	125	725	50	288	M10	M10	M10	M10	M10
16	45	50	1340	825	1635	1090	125	725	50	323	M10	M10	M10	M10	M10
18	50	56	1340	825	1635	1090	125	725	50	362	M10	M10	M10	M10	M10
20	56	63	1340	790	1635	1090	125	690	50	394	M10	M10	M10	M10	M10
22	61.5	69	1340	790	1635	1090	125	690	50	480	M10	M10	M10	M10	M10
24	67	75	1740	825	1828	1480	130	725	50	524	M10	M10	M10	M10	M10
26	73	81.5	1740	825	1828	1480	130	725	50	604	M10	M10	M10	M10	M12
28	78.5	87.5	1740	825	1828	1480	130	725	50	665	M10	M10	M10	M12	M12
30	85	95	1740	825	1828	1480	130	725	50	719	M10	M10	M12	M12	M12
32	90	100	1740	825	1828	1480	130	725	50	770	M10	M12	M12	M12	M12

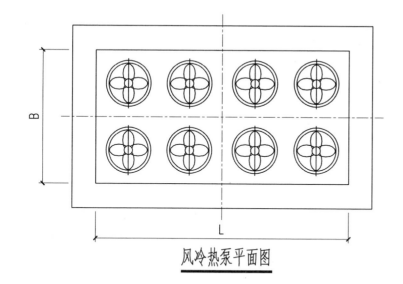

风冷热泵平面图

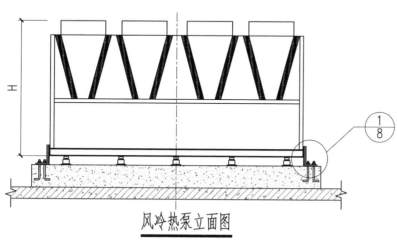

风冷热泵立面图

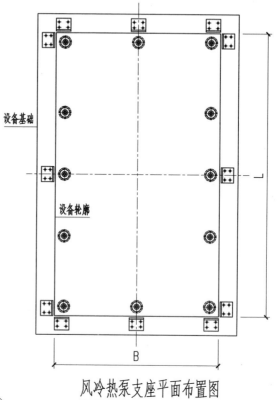

风冷热泵支座平面布置图

注： 1. 本图适用风冷热泵机组采用减振装置减振，采用限位器抗震的做法；

2. 限位器在长边L方向和短边方向B方向布置的数量均为m，
例如本图支座平面布置图所示每边数目为3个，具体详抗震构造详表，
当构造详表中数量与示意图不同时，采用均匀布置的方式；

3. 其余详设计总说明。

风冷热泵安装抗震构造图（有减振装置）	图集号	川16G121-TY

风冷热泵安装抗震构造详表(有减振装置)

制冷量 (kW)	尺寸(mm)			运行质量 (kg)	6度		7度(0.10g)		7度(0.15g)		8度(0.20g)		8度(0.30g)		9度	
	L	B	H		锚栓	mxt	锚栓	mxt	锚栓	mxt	锚栓	mxt	锚栓	mxt	锚栓	mxt
208	1990	840	1840	600	4M8	2x6(A)	4M8	2x6(A)	4M8	2x6(A)	4M8	2x8(A)	4M8	2x10(A)	4M8	2x10(A)
254~333	3604	2253	2297	4200	4M8	2x10(A)	4M12	2x14(A)	4M14	2x16(A)	4M16	2x20(A)	4M16	3x10(B)	4M16	4x20(A)
446~500	4798	2253	2297	5300	4M10	2x12(A)	4M12	2x16(A)	4M16	2x18(A)	4M18	2x10(B)	4M18	3x10(B)	4M18	4x10(B)
704~745	5992	2253	2297	5400	4M10	2x12(A)	4M12	2x16(A)	4M16	2x18(A)	4M18	2x10(B)	4M18	3x10(B)	4M18	4x10(B)
924~1008	7186	2253	2297	6200	4M10	2x12(A)	4M16	2x16(A)	4M16	2x20(A)	4M18	2x10(B)	4M18	3x10(B)	4M18	4x10(B)
851	8380	2253	2297	8000	4M10	2x14(A)	4M16	2x18(A)	4M18	2x10(B)	4M20	2x10(B)	4M20	3x10(B)	4M20	4x10(B)
924~1008	9574	2253	2297	9000	4M12	2x14(A)	4M16	2x20(A)	4M20	2x10(B)	6M18	2x10(B)	6M18	3x10(B)	6M18	4x10(B)
1100~1146	10768	2253	2297	9400	4M12	2x14(A)	4M16	2x20(A)	4M20	2x10(B)	6M18	2x10(B)	6M18	3x10(B)	6M18	4x10(B)
1268~1396	11962	2253	2297	10600	4M12	2x16(A)	4M18	2x10(B)	4M20	2x10(B)	6M16	3x10(B)	6M18	4x10(B)	6M18	5x10(B)
1151	14872	2253	2297	13500	4M14	2x18(A)	4M20	2x10(B)	6M20	2x10(B)	6M18	3x10(B)	6M20	4x10(B)	6M20	5x10(B)
346	3930	2710	2710	4000	4M8	2x10(A)	4M12	2x14(A)	4M14	2x16(A)	4M16	2x18(A)	4M16	3x18(A)	4M16	4x10(B)
580~692	7650	2710	2710	7000	4M10	2x12(A)	4M16	2x18(A)	4M18	2x10(B)	4M20	2x10(B)	4M20	3x10(B)	4M20	4x10(B)
926~1038	12080	2710	2710	10800	4M12	2x16(A)	4M18	2x10(B)	4M20	2x10(B)	6M16	3x10(B)	6M18	4x10(B)	6M18	5x10(B)
1160~1384	15800	2710	2710	14800	4M14	2x18(A)	4M20	2x10(B)	6M20	2x10(B)	6M20	3x10(B)	6M20	4x10(B)	6M20	5x10(B)

注: 1. 表中锚栓列内容表示每个限位器所需的锚栓数目及大小;

2. 表中m×t列表示设备每边的限位器数量及尺寸,例2×16(A)表示每边设置2个厚度为16 mm的A型限位器;

3. 其余详总说明。

风冷热泵安装抗震构造详表(有减振装置)	图集号	川16G121-TY
审核 赵仕兴 赵仕兴　校对 张堃 邹秋生　　　　设计 杜波 周伟军	页	48

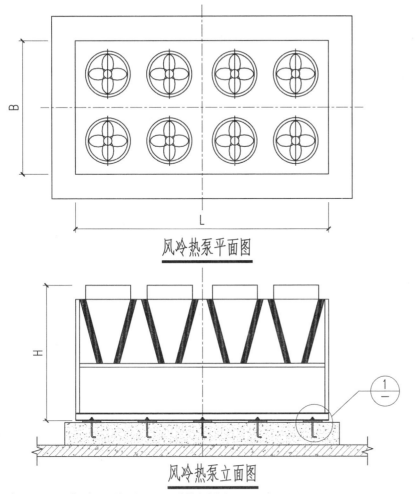

风冷热泵平面图

风冷热泵立面图

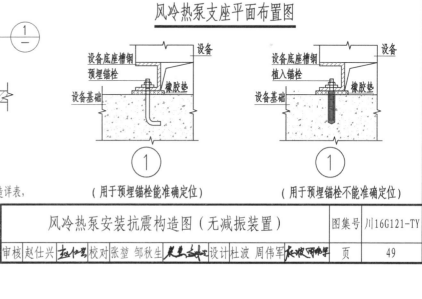

设备基础

设备底座槽钢

风冷热泵支座平面布置图

设备底座槽钢
预埋锚栓
设备
橡胶垫
设备基础

①
—

（用于预埋锚栓能准确定位）

设备底座槽钢
植入锚栓
设备
橡胶垫
设备基础

①
—

（用于预埋锚栓不能准确定位）

注: 1. 本图适用于风冷热泵机组锚栓固定，采用锚栓抗震的做法；

2. 锚栓在长边L方向单侧布置的数目为n_1，例如本图支座平面布置图所示数目为5个，
锚栓在短边B方向单侧布置的数目为n_2，例如支座平面布置图所示数为3个，具体详抗震构造详表，
当构造详表中数量与示意图不同时，采用均匀布置的方式；

3. 其余详设计总说明。

风冷热泵安装抗震构造图（无减振装置）	图集号	川16G121-TY

风冷热泵安装抗震构造详表（无减振装置）

制冷量	尺寸(mm)			运行质量	6度~7度(0.10g)		7度(0.15g)		8度(0.20g)		8度(0.30g)		9度	
(kW)	L	B	H	(kg)	n₁d	n₂d	n₁d	n₂d	n₁d	n₂d	n₁d	n₂d	n₁d	n₂d
208	1990	840	1840	600	2M8	2M8	2M8	2M8	2M8	2M8	2M8	2M8	2M8	2M8
254~333	3604	2253	2297	4200	3M8	2M8	3M8	2M8	3M8	2M8	3M8	2M8	3M10	2M10
446~500	4798	2253	2297	5300	4M8	2M8	4M8	2M8	4M8	2M8	3M8	2M8	4M10	2M10
704~745	5992	2253	2297	5400	4M8	2M8	4M8	2M8	4M8	2M8	4M8	2M8	4M10	2M10
924~1008	7186	2253	2297	6200	5M8	2M8	5M8	2M8	5M8	2M8	5M8	2M8	5M10	2M10
851	8380	2253	2297	8000	5M8	2M8	5M8	2M8	5M8	2M8	5M10	2M10	5M12	2M12
924~1008	9574	2253	2297	9000	6M8	2M8	6M8	2M8	6M8	2M8	6M10	2M10	6M12	2M12
1100~1146	10768	2253	2297	9400	6M8	2M8	6M8	2M8	6M8	2M8	6M10	2M10	6M12	2M12
1268~1396	11962	2253	2297	10600	6M8	2M8	6M8	2M8	6M8	2M8	6M10	2M10	6M12	2M12
1151	14872	2253	2297	13500	7M8	2M8	7M8	2M8	7M8	2M8	7M10	2M10	7M12	2M12
346	3930	2710	2710	4000	3M8	2M8	3M8	2M8	3M8	2M8	3M10	2M10	3M10	2M10
580~692	7650	2710	2710	7000	5M8	2M8	5M8	2M8	5M8	2M8	5M10	2M10	5M10	2M10
926~1038	12080	2710	2710	10800	6M8	2M8	6M8	2M8	6M8	2M8	6M10	2M10	6M12	2M12
1160~1384	15800	2710	2710	14800	7M8	2M8	7M8	2M8	7M10	2M10	7M12	2M12	7M14	2M14

注： 1. 表中n₁d列内容表示设备长边L方向单侧所需的锚栓数目及大小；

表中n₂d列内容表示设备短边B方向单侧所需的锚栓数目及大小；

2. 其余详总说明。

风冷热泵安装抗震构造详表（无减振装置）	图集号 川16G121-TY
审核 赵仕兴 校对 张垒 邹秋生 设计 杜波 周伟军	页 50

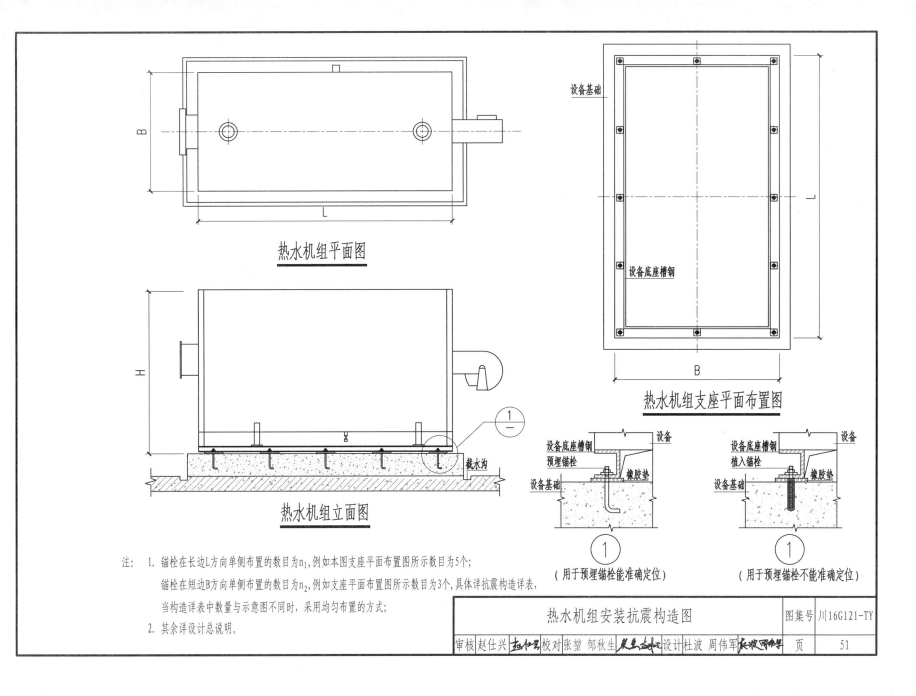

热水机组平面图

热水机组支座平面布置图

设备基础

设备底座槽钢

截水沟

热水机组立面图

设备底座槽钢
预埋锚栓
设备基础
橡胶垫

（用于预埋锚栓能准确定位）

设备
设备底座槽钢
植入锚栓
设备基础
橡胶垫

（用于预埋锚栓不能准确定位）

注： 1. 锚栓在长边L方向单侧布置的数目为n_1，例如本图支座平面布置图所示数目为5个；
　　　锚栓在短边B方向单侧布置的数目为n_2，例如支座平面布置图所示数目为3个，具体详抗震构造详表，
　　　当构造详表中数量与示意图不同时，采用均匀布置的方式；
　　2. 其余详设计总说明。

热水机组安装抗震构造图

图集号 川16G121-TY
审核 赵仕兴 校对 张堃 邹秋生 设计 杜波 周伟军
页 51

热水机组安装抗震构造详表

制热量 (kW)	尺寸(mm)			运行质量 (kg)	6度~7度(0.10g)		7度(0.15g)		8度(0.20g)		8度(0.30g)		9度	
	L	B	H		n_1d	n_2d	n_1d	n_2d	n_1d	n_2d	n_1d	n_2d	n_1d	n_2d
350	3560	936	1745	2800	3M8	2M8	3M8	2M8	3M8	2M8	3M8	2M8	3M8	2M8
700	3980	1136	1945	4000	3M8	2M8	3M8	2M8	3M8	2M8	3M10	2M10	3M10	2M10
933	4405	1336	2245	8500	4M8	2M8	4M8	2M8	4M10	2M10	4M12	2M12	4M12	2M12
1750	4805	1536	2445	13100	4M8	3M8	4M8	3M8	4M10	3M10	4M12	3M12	4M14	3M14
2800	5735	1836	2825	14200	5M8	3M8	5M8	3M8	5M10	3M10	5M12	3M12	5M14	3M14
3500	5825	2036	3035	17000	5M8	3M8	5M10	3M10	5M12	3M12	5M14	3M14	5M14	3M14
4200	6226	2036	3035	21100	6M8	3M8	6M10	3M10	6M12	3M12	6M14	3M14	6M16	3M16
5600	7000	2600	3500	24500	7M8	4M8	7M10	4M10	7M10	4M10	7M12	4M12	7M14	4M14
7000	7300	2800	3620	27900	7M8	4M8	7M10	4M10	7M12	4M12	7M14	4M14	7M16	4M16

注： 1. 表中n_1d列内容表示设备长边L方向单侧所需的锚栓数目及大小，

   表中n_2d列内容表示设备短边B方向单侧所需的锚栓数目及大小；

2. 其余详总说明。

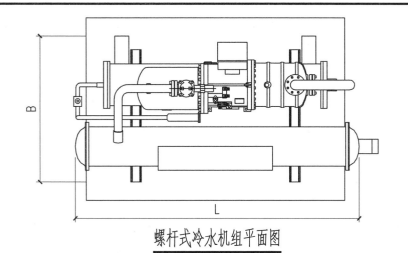

螺杆式冷水机组平面图

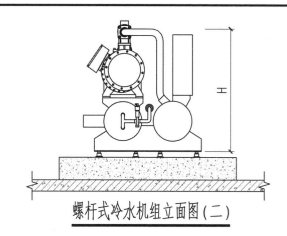

螺杆式冷水机组立面图（二）

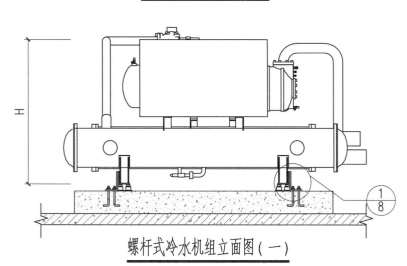

螺杆式冷水机组立面图（一）

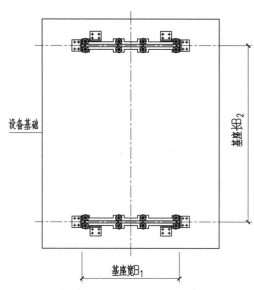

螺杆式冷水机组支座平面布置图

注： 1. 本图适用于冷水机组采用减震装置减振，采用限位器抗震的做法；
2. 限位器在长边L方向和短边方向B方向布置的数量均为m，
例如本图支座平面布置图所示每边数目为2个，具体详抗震构造详表，
3. 其余详设计总说明。

螺杆式冷水机组安装抗震构造图（有减振装置）	图集号	川16G121-TY
审核 赵仕兴 赵仕兴 校对 张堃 邹秋生 邹秋生 设计 杜波 周伟军 周伟军	页	53

螺杆式冷水机组安装抗震构造详表（有减振装置）

制冷量	尺寸(mm)			运行质量	6度~7度(0.10g)		7度(0.15g)		8度(0.20g)		8度(0.30g)		9度	
(kW)	L	B	H	(kg)	锚栓	mxt(型号)	锚栓	mxt(型号)	锚栓	mxt(型号)	锚栓	mxt(型号)	锚栓	mxt(型号)
549~603	3210	1634	1850	4500	4M12	2x18(A)	4M14	2x18(A)	4M16	2x20(A)	4M20	2x10(B)	6M18	2x10(B)
622~924	3313	1717	1937	8300	4M16	2x10(B)	4M18	2x10(B)	6M18	2x10(B)	8M18	2x10(B)	8M22	2x10(B)
983~1481	3774	1771	2033	9500	4M16	2x10(B)	4M20	2x10(B)	6M18	2x10(B)	8M20	2x10(B)	8M22	2x10(B)

注： 1. 表中锚栓列内容表示每个限位器所需的锚栓数目及大小；

2. 表中 m×t 列表示设备每边的限位器数量及尺寸，例 2×18(A) 表示每边设置2个厚度为18 mm的A型限位器；

3. 其余详总说明。

螺杆式冷水机组安装抗震构造详表（有减振装置）

审核 赵仕兴　校对 张堃 邹秋生　设计 杜波 周伟军

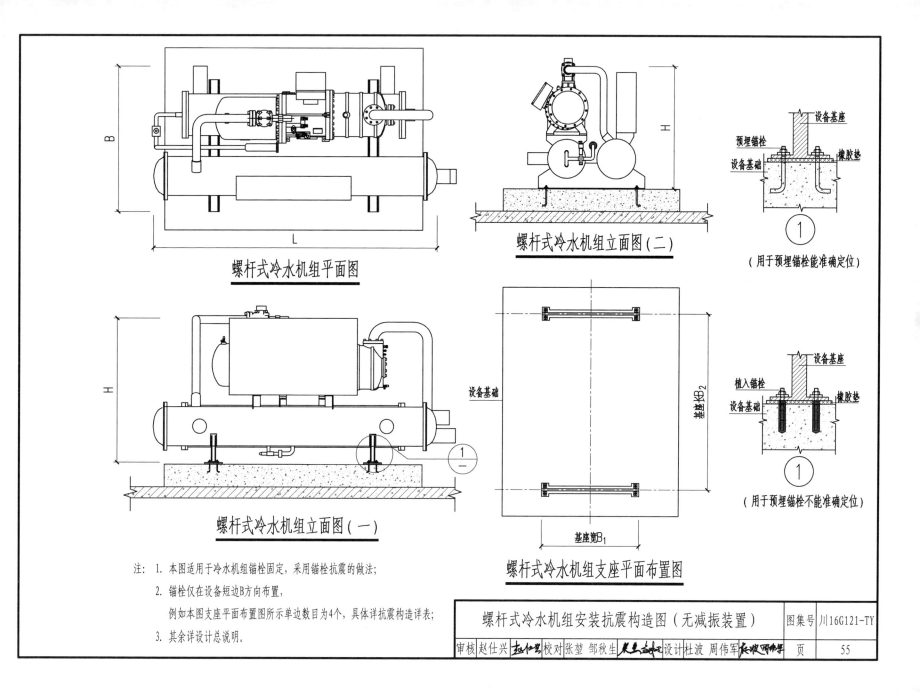

螺杆式冷水机组平面图

螺杆式冷水机组立面图（二）

（用于预埋锚栓能准确定位）

螺杆式冷水机组立面图（一）

螺杆式冷水机组支座平面布置图

（用于预埋锚栓不能准确定位）

注： 1. 本图适用于冷水机组锚栓固定，采用锚栓抗震的做法；

2. 锚栓仅在设备短边B方向布置，

例如本图支座平面布置图所示单边目为4个，具体详抗震构造详表；

3. 其余详设计总说明。

螺杆式冷水机组安装抗震构造图（无减振装置）	图集号	川16G121-TY
审核 赵仕兴　校对 张堃 邹秋生　设计 杜波 周伟军	页	55

螺杆式冷水机组安装抗震构造详表（无减振装置）

制冷量	尺寸(mm)			运行质量	6度~7度(0.10g)	7度(0.15g)	8度(0.20g)	8度(0.30g)	9度
(kW)	L	B	H	(kg)	锚栓	锚栓	锚栓	锚栓	锚栓
549~603	3210	1634	1850	4500	4M8	4M8	4M8	4M8	4M10
622~924	3313	1717	1937	8300	4M8	4M8	4M10	4M10	4M12
983~1481	3774	1771	2033	9500	4M8	4M8	4M10	4M10	4M14

注： 1. 表中锚栓列内容表示短边方向每边布置的锚栓数量及大小；

2. 其余详总说明。

螺杆式冷水机组安装抗震构造详表（无减振装置）	图集号	川16G121-TY
审核 赵仕兴　校对 张堃 邹秋生　设计 杜波 周伟军	页	56

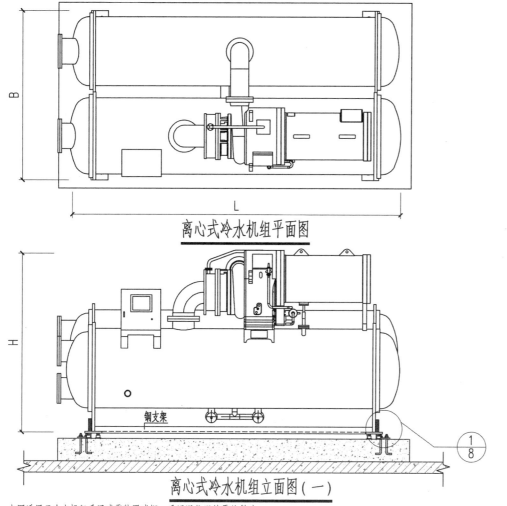

离心式冷水机组平面图

离心式冷水机组立面图（一）

离心式冷水机组立面图（二）

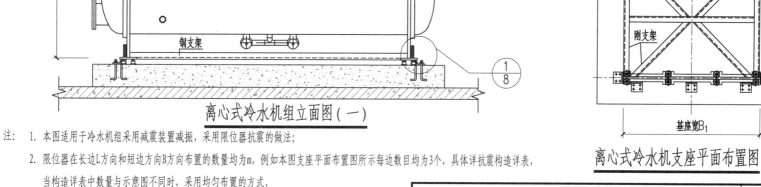

离心式冷水机支座平面布置图

注： 1. 本图适用于冷水机组采用减震装置减振，采用限位器抗震的做法；

2. 限位器在长边L方向和短边方向B方向布置的数量均为m，例如本图支座平面布置图所示每边数目均为3个，具体详抗震构造详表，

当构造详表中数量与示意图不同时，采用均匀布置的方式，

安装单位根据设备条件，烈度，确定钢支架形式（图中仅示意）、截面满足抗震要求；

3. 其余详设计总说明。

离心式冷水机组安装抗震构造图（有减振装置）	图集号	川16G121-TY
审核 赵仕兴 *赵仕兴* 校对 张堃 邹秋生 *邹秋生* 设计 杜波 周伟军 *长坡四伟军*	页	57

离心式冷水机组安装抗震构造详表(有减振装置)

制冷量 (kW)	尺寸(mm)			运行质量 (kg)	6度~7度(0.10g)		7度(0.15g)		8度(0.20g)		8度(0.30g)		9度	
	L	B	H		锚栓	mxt	锚栓	mxt	锚栓	mxt	锚栓	mxt	锚栓	mxt
1055~1407	4172	1707	2073	6900	4M14	2x18(A)	4M18	2x10(B)	6M16	2x10(B)	6M20	2x10(B)	8M20	2x10(B)
1583~1759	4365	1908	2153	8300	4M12	3x16(A)	4M16	3x10(B)	6M14	3x10(B)	8M16	3x10(B)	8M18	3x10(B)
2110~2462	4460	2054	2207	10700	4M14	3x18(A)	4M18	3x10(B)	6M16	3x10(B)	8M18	3x10(B)	8M20	3x10(B)
3164~4220	5000	2124	2261	12700	4M12	6x14(A)	4M14	6x10(B)	6M14	6x10(B)	8M14	6x10(B)	8M16	6x10(B)
4220~5276	5169	2426	2750	17000	4M14	6x16(A)	4M16	6x10(B)	6M16	6x10(B)	8M16	6x10(B)	8M18	6x10(B)
3164~3517	5169	2426	2902	18200	4M14	6x16(A)	4M16	6x10(B)	6M16	6x10(B)	8M16	6x10(B)	8M18	6x10(B)
3869~4220	5169	2426	2920	18700	4M14	6x16(A)	4M16	6x10(B)	6M16	6x10(B)	8M16	6x10(B)	8M18	6x10(B)
4572~5276	5205	2711	2905	21800	4M14	6x18(A)	4M18	6x10(B)	6M16	6x10(B)	8M18	6x10(B)	8M20	6x10(B)
5803	5205	2711	2950	22200	4M14	6x10(B)	4M18	6x10(B)	6M16	6x10(B)	8M18	6x10(B)	8M20	6x10(B)
8790~10548	5221	2813	3329	23000	4M14	6x10(B)	4M18	6x10(B)	6M16	6x10(B)	8M18	6x10(B)	8M18	6x10(B)
4922~5274	5731	2712	3029	24600	4M14	8x18(A)	4M16	8x10(B)	6M16	8x10(B)	8M16	8x10(B)	8M18	8x10(B)
5626~5977	5831	2813	3329	25600	4M14	8x18(A)	4M16	8x10(B)	6M16	8x10(B)	8M16	8x10(B)	8M20	8x10(B)
6329~6680	5891	3009	3439	27100	4M14	8x18(A)	4M16	8x10(B)	6M16	8x10(B)	8M16	8x10(B)	8M18	8x10(B)
7032~8087	5902	3249	3697	31200	4M16	8x10(B)	4M18	8x10(B)	6M16	8x10(B)	8M18	8x10(B)	8M20	8x10(B)
8438	6511	3351	3829	34300	4M14	10x18(A)	4M16	10x10(B)	6M16	10x10(B)	8M16	10x10(B)	8M20	10x10(B)
8790~10196	6593	3646	4030	42200	4M16	10x10(B)	4M18	10x10(B)	6M18	10x10(B)	8M16	10x10(B)	8M20	11x10(B)
8790~10548	8032	3261	3365	43500	4M16	10x10(B)	6M16	10x10(B)	6M18	10x10(B)	8M18	11x10(B)	8M20	11x10(B)

注: 1. 表中锚栓列内容表示每个限位器所需的锚栓数目及大小;

2. 表中m×t列表示设备每边的限位器数量及尺寸,例2×18(A)表示每边设置2个厚度为18 mm的A型限位器;

3. 其余详总说明。

离心式冷水机组安装抗震构造详表(有减振装置)	图集号	川16G121-TY
审核 赵仕兴　校对 张堃 邹秋生　设计 杜波 周伟军	页	58

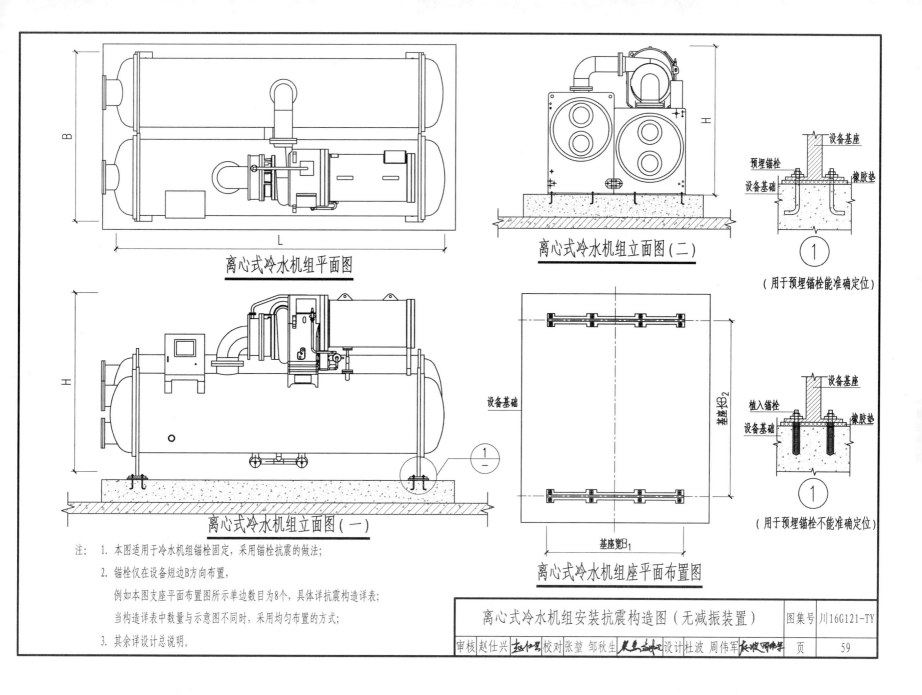

离心式冷水机组平面图

离心式冷水机组立面图(二)

① （用于预埋锚栓能准确定位）

离心式冷水机组立面图(一)

离心式冷水机组座平面布置图

① （用于预埋锚栓不能准确定位）

注： 1. 本图适用于冷水机组锚栓固定，采用锚栓抗震的做法；
　　 2. 锚栓仅在设备短边B方向布置，
　　　　例如本图支座平面布置图所示单边数目为8个，具体详抗震构造详表；
　　　　当构造详表中数量与示意图不同时，采用均匀布置的方式；
　　 3. 其余详设计总说明。

离心式冷水机组安装抗震构造图（无减振装置）

图集号 川16G121-TY

审核 赵仕兴 赵仕兴 校对 张堃 邹秋生 设计 杜波 周伟军

页 59

离心式冷水机组安装抗震构造详表（无减振装置）

制冷量	尺寸(mm)			运行质量	6度~7度(0.10g)	7度(0.15g)	8度(0.20g)	8度(0.30g)	9度
(kW)	L	B	H	(kg)	锚栓	锚栓	锚栓	锚栓	锚栓
1055~1407	4172	1707	2073	6900	4M8	4M8	4M8	4M8	4M10
1583~1759	4365	1908	2153	8300	4M8	4M8	4M10	4M10	4M12
2110~2462	4460	2054	2207	10700	4M8	4M10	4M10	4M12	4M14
3164~4220	5000	2124	2261	12700	6M8	6M8	6M10	6M12	6M12
4220~5276	5169	2426	2750	17000	6M8	6M10	6M10	6M12	6M14
3164~3517	5169	2426	2902	18200	6M8	6M10	6M12	6M14	6M16
3869~4220	5169	2426	2920	18700	6M8	6M10	6M12	6M14	6M16
4572~5276	5205	2711	2905	21800	6M8	6M10	6M12	6M14	6M16
5803	5205	2711	2950	22200	6M8	6M10	6M12	6M14	6M16
8790~10548	5221	2813	3329	23000	6M8	6M10	6M12	6M14	6M16
4922~5274	5731	2712	3029	24600	6M10	6M10	6M14	6M16	6M18
5626~5977	5831	2813	3329	25600	6M10	6M12	6M14	6M16	6M18
6329~6680	5891	3009	3439	27100	6M10	6M12	6M14	6M16	6M18
7032~8087	5902	3249	3697	31200	6M10	6M12	6M14	6M16	6M18
8438	6511	3351	3829	34300	8M10	8M12	8M12	8M16	8M18
8790~10196	6593	3646	4030	42200	8M10	8M12	8M14	8M18	8M20
8790~10548	8032	3261	3365	43500	8M10	8M12	8M14	8M18	8M20

注: 1. 表中锚栓列内容表示短边方向每边布置的锚栓数量及大小;

2. 其余详总说明。

离心式冷水机组安装抗震构造详表（无减振装置）	图集号	川16G121-TY
审核 赵仕兴 赵仕兴 校对 张垄 邹秋生 设计 杜波 周伟军	页	60